# 和主管相處的技術

## 讓上司挺你、前輩罩你，菁英才懂的最強職場處世祕訣

「上司がさっぱりわかってくれない」と思っているあなたへ

高橋克德 Katsunori Takahashi

卓惠娟／譯

Contents

# 目錄

目　錄

Chapter 2

# 徹底解析！主管難相處的原因

Chapter 4
# 前輩沒教，但你一定要懂的職場處世祕訣

Chapter 5

# 貴人就在身邊，你該如何善用？

# 目錄

Chapter 6

# 改變未來的工作形態，從「你」開始

目 錄

# 前言

# 為了主管而辭職，真的好嗎？

身為上班族的你，是否也有以下這些想法呢？

「我不瞭解主管，主管也不瞭解我。」

「為什麼不主動說明遠景或目標，只會追問『你現在有什麼規劃？』。」

「只會要求我：『決定目標後，接下來自己去想想看！自己去做！』這樣能夠產生工作績效嗎？」

「不指導我，也不主動找我談。主管真的有心栽培我嗎？」

「只會說『交給你了』，根本是放我自生自滅吧？」

「光是下命令，從不告訴我是為了什麼而做，不說明工作的目的。」

「為什麼不考慮我的工作職務，只顧自己方便而把工作推到我身上？」

「說如果有問題就找他商量，結果不是找不到人，就是露出一副『現在別找我麻煩』

的表情。」

「哀聲嘆氣說：『怎麼連這種事也不會？』既然這樣，就好好地教我啊！」

「只會看績效，為什麼從來不肯定我的努力及過程？」

「只會批評，從來沒讚美過我。真希望主管能夠多給我一些肯定。」

## 主管和部屬的想法，就像兩條平行線

我們常聽到上班族對主管的一言一行，感到焦躁、沮喪或不安，有些主管的行為或命令的確蠻橫無理，有些主管從沒考慮部屬的狀況，十足地本位主義；有些人甚至被主管利用職權騷擾，因而留下痛苦的回憶。

但是反過來，我也曾聽過很多主管對部屬的怨言：部屬什麼都不做、真不知道在想什麼、從不主動來溝通……主管們也叫苦連天。

相信你也很清楚，**主管必須承受來自組織中更高經營階層的壓力，他們也有慘痛的經驗**。不光是部屬的績效，主管本身的工作績效也會被追究，你大概也知道，他們無法向高層說「做不到」。話雖這麼說，如果主管放任你自生自滅，把你當成方便使喚的棋子，絕不是好事。但是更多人的情況是，**即使希望有一番作為，也不知道該如何與主管互動**，不知不覺中放棄改善與主管之間的關係，一味悶著頭做眼前的工作。

其中也有人不僅和主管、就連和公司前輩及同事間的關係也很冷淡，失去活力、變得消極，或是早早看破，沒和任何人商量而換工作的也大有人在。不僅和主管間的關係冰凍三尺，在職場中也找不到容身之處——任誰在這樣的處境中都會覺得痛苦。

不過，和主管一談之下，也經常聽到他們感嘆和現在的年輕人相處很棘手：

「唯唯諾諾，沒有其他反應。搞不清楚他究竟有沒有聽懂我說的話？」

「稍微嚴厲一點就退縮，悶聲不吭。」

「一交辦他工作，就問『為什麼』，不能接受先做再說。」

「動不動就要求效率，一天到晚擔心做白工。」

「可能是一心想配合大家，從來不表達意見。」

「有原則，或只是把我的話當耳邊風？」

「率真不是壞事，不過還是希望稍微注意一下遣詞用字。」

「本位主義強烈，缺乏協助或幫忙其他同事的精神。」

「就算邀他去喝兩杯，也擺出一副臭臉，咕噥著為什麼要去。到底該怎麼邀年輕人才行？」

「我也明白他們想受到肯定的心情，不過就算是自我推銷也該適可而止吧？」

許多主管因為年輕一代的反應出乎他們意料之外，或是只會給一些模稜兩可的回應，讓他們感到手足無措，煩惱著如何和年輕人拉近距離、應對。

**「搞不懂年輕人」這句話，許多時候表示主管不知道如何與年輕人相處。**主管無法瞭解部屬的心情，到底該怎麼表達才對？應該和過去一樣直接疾言厲色嗎？到底該怎麼表達自己的想法呢？

很多主管在思考這些問題之際，與部屬的距離愈來愈遠。雖然拚命地工作，提升了部門或小組的績效，卻成了一個不懂部屬心情的主管。

## 主管不帶、前輩不教，上班好痛苦！

現代主管不是只需要扮演管理者的角色，也被要求必須親自上戰場。過去只需要指導、協助部屬，扮演一個能夠統整所轄單位的管理者就夠了，現在則不然，身為主管也必須和部屬一起披上戰袍，獲取戰果。

因此當新進人員加入，不但無法確實地教育，也無法給予充分的指導。新進人員的前輩也為了自身的工作忙得焦頭爛額，無法成為主管和新人之間的緩衝。

另一方面，就新進人員的角度來看，主管沒有充分溝通，只是單方面地下命令；**工作目的不明確，感覺不到成就感，覺得無法在工作中成長的上班族確實在增加之中**。我十分理解置身在這種環境，早早對於在這家公司的發展死心、想要辭職的心情。只不過，**就算辭職了，想找到一個主管能夠確實顧慮到部屬、前輩照顧後進的環境，也並非輕而易舉**。

但是，也不能對現況絕望，抱著「默默工作就好」、「反正人生又不是只有工作」的想法過日子，這絕對不是一件好事。因此，我希望你能夠想一想：

為什麼會變成這樣的狀況？該怎麼做才能和主管及前輩建立良好的關係？如何樂在工作、在職場中如魚得水，感受工作的喜悅呢？

「不對吧？讓工作更有趣，或是建立良好的工作環境，不都是主管的責任嗎？我們哪有能力改變呢？」

我很明白你的心情，但是不做任何努力，直接就這麼放棄，真的好嗎？用消極的心情面對未來，你真的無所謂嗎？我希望你不會做這樣的選擇。你並不孤單，有許多上班族也和你有共同的煩惱，我們不妨一起想一想，是什麼造成這個情況？我認為主要可以分為三大因素：

## ❶多數人被迫埋首於自身的工作

一九九〇年代初期的泡沫經濟崩壞，企業不得不縮編或精簡人事，不論企業規模或人事的經營都以精簡成本、杜絕浪費為首要目標。具體來說，每個人的角色及責任更為明確，獨力完成工作和追求個人績效是理所當然的。

再加上資訊科技的進步，工作方式也有極大的轉變，日常的溝通開始由電子郵件取代面對面的交談或電話，許多人都是面對電腦工作，不知不覺中，周圍的人變得十分陌生。和公司的同事，除了工作之外，彼此間幾乎不會交談、閒話，只是日復一日地完成工作……這樣的工作模式已經成為常態。

## ❷對話減少，同事間無法互相瞭解

團隊合作的工作機會減少，必須一個人獨力完成工作。正因為如此，分享自己的狀況，互相幫助，避免團隊中的個人發生錯誤，維繫能放開心胸討論的團隊關係，原本應該很重要才對。

因此中午大家一起用餐、工作結束後一起喝杯酒、稍微休息一下，閒話家常以放鬆心情……這樣的時光，是瞭解每個人的工作狀況及心情的重要時刻。然而，現在的職場則是人人埋首於自己的工作，失去了精神與時間上的從容感，很難製造閒話的機會，因而愈來愈不瞭解彼此。

## ❸日積月累下，使得人才培育產生斷層

泡沫經濟後，各個企業精簡人事，資深的老前輩很多，卻一直沒有新血注入。資歷再深永遠都是某項工作的負責人，而且只被要求績效。只被要求工作表現的這一代，現在位居管理職，**除了埋頭做好工作之外，完全欠缺培育人才的經驗。**

曾幾何時，前輩帶領後進，主管栽培部下這些理所當然的行為，漸漸消失在職場上——這些就是形成現況的主要因素。

## 主動出擊！你可以改變整個職場

主管和部屬之間的關係，是任何一個世代都必須面對的課題。但是，我認為現在主管與部屬不瞭解彼此的現象，是近二十年企業變化帶來的巨大負面遺產。因為彼此不信任而築起的高牆，造成互動上的困難，更加無法互動。

我認為應該先讓大家瞭解陷入這種狀況的原因，而在二〇〇八年寫了《討厭的職場》（不機嫌な職場）一書，許多讀者表示「我們公司就是這種狀況，真希望能夠有辦法改善」，在網路上引起熱烈的迴響。

因而我又針對不願在職場中隨波逐流、而感到痛苦的上班族，於二〇〇九年出版《不被擊潰的生存方式》（潰れない生き方），期望大家不要把自己逼入絕境，能夠學會面對自我的技巧。

另外，儘管職場環境變化巨大，主管還是應該先有所作為；有感於此，我於二〇一

一年出版《明天開始不再為部屬煩躁指南》（明日から部下にイライラしなくなる本）。這本書是寫給對於和部屬相處感到煩躁，因為不瞭解部屬而不知所措的主管，希望主管能夠想一想，如何在上班八小時的有限時間內和部屬相處，建立互信的關係。

而在本書中，我想就部屬的立場出發，讓大家瞭解如何和主管相處，如何在這樣的職場與周圍建立良好的關係，充滿幹勁地工作。

**我認為不管哪個時代或哪個職場角色，都一定有優點，也有不足的一面，在面對他人時，你一定要先瞭解到這點**。當接受這個前提後，你就能夠接納、肯定自我。

因此，我希望各位能透過本書一起思考：公司中其他職責的同事、前輩、主管的想法，透過其他人的角度發現自我，或許你就能夠找出在競爭激烈的現今社會中，屬於自己的生存及成長方式。

chapter

# 1

# 為什麼我的主管不瞭解我？

# 部屬們想對主管說的五大心聲

「我不瞭解主管、主管也不瞭解我。」你是不是也有相同的感受，所以覺得煩躁，感到十分不安？雖然可以體會主管很忙碌，但主管的漠不關心、沒有給予確實的指導及協助，仍然使你感到不安。到頭來，主管完全沒有給予你任何評價，似乎也不知道你的長處是什麼。

「『主管』的意義究竟是什麼？」

「我根本不需要主管……」

我很瞭解你這樣的心情，以下讓我們先看看，是哪些和主管相處的狀況造成上班族們煩躁、不安的原因。

## ❶主管不帶人，讓我自生自滅

剛進公司的前幾個星期，主管曾說明工作內容及如何進行，不過，也僅限如此。接下來全靠我自行摸索，或是觀察前輩的工作方式，一步步慢慢學習。

的確，自行學習以養成技能的態度很重要，但是，這樣並無法瞭解制式外的工作細節及判斷標準。

我問主管是不是有工作手冊之類的東西可以參考，結果得到的回答是「不能依賴那種東西」、「你先好好想一想」。

既然主管不教我，希望前輩能夠指導我。可是，前輩似乎很忙碌，我不知道怎麼開口，也看不出他們想主動教我的樣子。我告訴自己：主管和前輩都不帶領我、指導我的情況下，只能靠自己努力了。

不知不覺中，這一切都變得理所當然。有時候我也不禁覺得，這樣或許也不錯。**反正沒人會干涉我，也沒人會指指點點，我只要依照自己的做法去完成工作，**不需要為多餘的事情忙得焦頭爛額，反而很輕鬆。

**不過冷靜思考後，這根本是讓我自生自滅吧？**我真的有所成長嗎？我用自己的方式這麼去進行好嗎？有沒有更好的做法呢？……這麼一想，就感到十分不安。

---

其中，也有人鼓起勇氣向主管提出「可不可以給我一些指導和建議？」，主管卻沒有給予適當的建議，甚至給了言不及義的答案，以致於部屬被搞得一頭霧水。

由於這些經驗，開始懷疑主管是不是根本不清楚工作的內容，或主管也不具備工作技能或知識，久而久之便認為問了也白費工夫。

雖然覺得主管凡事都不干涉，自由又輕鬆，就某個意義而言，工作反而更容易進行，但另一方面，卻難免感到不安，**擔心這麼下去真的能夠成長嗎？**在兩種相互矛盾的心情夾縫中，為每天的工作忙碌，你是否也有同樣的心情呢？

## ❷不想接的工作，不敢拒絕

還沒習慣職場之際，光做好份內工作已經很拚命了。然而主管卻在這種狀況下，突然交派工作，完全無視我的狀況，就要求「這件事很緊急」、「先幫我處理這個」、「先弄好那件事再說」。

從我的角度來看，**主管交辦的工作，說穿了根本就是打雜**。明顯和我毫無關係的雜務，原本應該交辦給其他人，由於當事人沒辦法，所以才交給我做，這些事情大多是整理資料或檔案。

我並不是排斥處理行政庶務，只不過，主管在交辦時完全不顧我手頭上是否還有工作，就交待我處理無關的雜務，而且也不說明來龍去脈，只丟下一句：「總之很緊急」。

---

除了苦惱主管不帶人，也有上班族表示，對於主管僅只是交辦自己雜務而感到焦慮，看不出來主管對自己有什麼期待。為什麼主管要交辦這項工作？部屬對這種情況，多半只能忍耐。但是，個人要負擔的工作愈來愈繁重，主管卻沒有從旁協助或連一句感謝都沒有，確實不合理。

如果在焦躁之下忍不住回嘴：「我的手頭上還有工作正要處理，這應該不是我要負責的吧？」主管聽了這種回覆，應該也會臭臉表示：「那就算了。」此後主管完全對你不理不睬……要是一時被情緒沖昏頭，發生這種狀況，只是更把自己逼入絕境。

誰都不想毫無目地的做白工，**但是，如果一旦拒絕了主管的要求，將來更難做事，**所以才會有這麼多人為此煩惱。

## ❸不管怎麼做，都達不到標準

工作完成向主管報告時，主管說：「確實調查過了嗎？」「有沒有仔細蒐集資料了？」「想更清楚一點！」

我的工作是彙整從網路上所蒐集的資訊，看似簡單，不過工作量很大，有效率地進行不是更重要嗎？主管明明知道我的工作量不少，事前卻沒有任何說明，卻在我做完後才責備：「光是這樣還不夠！」

最令人氣結的是，主管根本沒有好好說明為什麼「光是這樣還不夠！」。即使我問主管為什麼非要我做不可，或是為什麼一定得做到他要求的程度才行，他卻總是不對我說個清楚，只是表現出一臉不耐煩。

原本主管就有向部屬說明的責任不是嗎？沒有任何說明就把不相干的工作塞給

我，只會抱怨我做得不夠好，還要再多做一點，難道不是無理的要求嗎？

---

因為事前的說明不夠充分，**不知道主管到底希望自己做到什麼程度，也不明白每一項工作的意義何在**，完全不知道自己正在做的事，對公司、客戶、社會究竟有什麼意義，當然更不用說，做這份工作到底能產生什麼成就感。屈服現實壓力，就這麼繼續埋頭工作下去好嗎？似乎有愈來愈多的上班族正在為此煩惱。

## ❹主管對部屬漠不關心，撇清責任

原本我就不認為主管會關心我，他從不主動和我打招呼，平時也無心跟我交流，當然更別指望他下班會邀我去喝兩杯了。

究竟有沒有掌握部屬工作的狀況？或至少抱持著有心去瞭解的態度。但我的主管，只是單純交辦工作下來，我甚至懷疑他是否在乎工作進行順利。

主管甚至於散發出「別跟我說話」的氣氛，讓人覺得很難親近，所以我也難以主動找他說話。就算有工作上的問題或有事想和他商量，他總明顯擺出一副「我很忙」的臉色。

主管總是說「自己想一想」、「沒有靠自己努力，就無法成長」，說完這些話就不了了之，令我更難以向他開口。

當我和客戶之間的關係不順利、為了如何和其他部門協調而煩惱、或是發生什麼困難時，開口想請主管指導我一二，但他總是丟下一句：「這種小事自己判斷」、「你連這種事也無法處理嗎？」使我更難以啟齒。

結果，到頭來我處理得不好，等發現時問題已經難以收拾，卻被主管斥責「為什麼沒有早點找我商量」、「為什麼沒有早一點向我報告」。

我也想反駁，是誰叫我自己判斷、叫我自己處理的？**主管沒有表現出關心、願意傾聽的態度，卻指責部下沒有向他報告或不找他商量，是部下不對。這不是很奇怪嗎？**

更過分的是，主管還極力撇清責任，到處抱怨「下屬真沒用」、「被他拖累了」，甚至向上級主管報告。問題鬧大了就推諉給部屬，把責任撇得一乾二淨。這不是毫無責任感嗎？

就算主管沒有適當指導、老是硬塞工作給部屬，如果能表現出對部屬的關心那還好，有些主管完全不關心部屬，彷彿完全與己無關——這是上班族對主管感到不滿的原因之一。

**哪些時候該找主管商量？哪些狀況該自行設法解決？許多年輕的上班族因為無法分辨其中的界線，只能獨自煩惱。**一想到找主管商量也未必能獲得協助，就更容易加深職場上的孤立無助感，將自己逼入死胡同。

## ❺做好了是應該，做不好就被罵

我自認已經盡了全力，但主管卻突然責備我：「這個部分做得還不夠」、「這件事沒有達到成效」。我想主管或許企圖以責備的方式讓我成長，但是他過去對於我執行工作的過程一句話都沒說，突然就指責缺失，只會讓我覺得他在批評、否定我的所作所為，令我覺得自己一無是處。

如果主管嚴厲指正我，至少該告訴我如何修正，確實給予協助和指導，但主管卻沒這麼做，我不禁覺得他根本只是放我自生自滅。**已經全力以赴了，但主管無視努力的過程，只看結果；或是只要被他抓住什麼過失，就全盤否定我做的一切。**我真想反駁，還不是因為他沒有好好指導才會造成這樣的結果——但是我說不出口。

主管從不關心我做得好的部分，開會時只確認工作績效，從未站在栽培部屬的角度給我意見，他無心發掘我的長處，不瞭解我，也不想知道我做了多少努力，不給我正面的肯定。

---

讓上班族感到苦惱的第五種主管，是平時根本沒有確實指導、一旦部屬出錯或失敗，便立刻嚴厲批評。明明不清楚你是怎麼工作的，卻突然嚴厲指責你做得不確實，例如：「這個部分，你有沒有仔細想過？」、「對客戶的提出的建議不夠周詳」、「你的做法只是表面工夫」等等。

這種做法很容易讓部屬感到「主管不認同我、主管討厭我」，**抱著這樣的想法，久而久之開始認為自己真的沒有能力，甚至失去自信**。你是否也因為遇到這類型的主管，懷著同樣的焦慮、不安，感到絕望呢？

# 對主管的不滿，轉為對環境的不安

看到前面所舉的案例，如果你的主管就是不給予任何指示、沒有確實指導、蠻不講理地丟給你一堆工作，或是對你毫不關心，一旦發生問題完全靠不住、甚至推卸責任的人，你會感到焦慮也是情有可原。

我完全瞭解你會對工作充滿怨言，或是極度的焦慮。然而，多數情況下，一旦壓抑心中的焦慮，你的情緒將轉變為不安。這麼下去好嗎？**和這樣的主管共事，真的能夠成長嗎？**……想到這裡，你的情緒更焦慮了。

為了避免造成這種狀況，你要知道如何避免掉入不安的循環。首先，我們先來確認看看，你是否迫使自己陷入下列三項不安的思緒：❶感到被孤立，失去工作的動力；❷缺乏工作的成就感和認同感；❸工作一無所獲，對未來感到不安。

## ❶感到被孤立，失去工作的動力

不管是主管或前輩，沒有人在乎我，也沒有人接納我，不論發生什麼事，他們都不會提供幫助，所以我做什麼都是徒勞無功。在這間辦公室，我已經不想再和任何人互動了。

雖然舉辦了迎新，但實際開始工作之後，無論是主管或前輩，都沒有提供任何工作上的建議和協助。

被指派工作後，剛開始雖然覺得憑一己之力完成很有成就感，但最後發現，其實辦公室裡的每個人都是這樣單打獨鬥，別說主管了，想跟前輩商量也沒辦法。沒人跟我說話，沒人在意我……。

你正處於這種苦惱的心情嗎？若是不多加注意，長期處於這樣的狀況中，你將陷入不安而自暴自棄的循環。

從不安轉變成放棄，開始封閉自己，這種下去真的好嗎？主管或周遭的人，真的不接納你嗎？**你是不是沒有確認他們真正的想法，就封閉在自己的世界中呢？**

在職場中找不到立足空間，覺得和周圍的人有著看不見的距離，每天只是持續與電腦對話，雖然覺得不用和人往來比較輕鬆，卻怎麼也無法抹去環境帶來的不適及孤獨。

## ❷缺乏工作的成就感和認同感

主管只看結果，不管我努力的過程。我真的想辦法努力過了，但主管對此完全沒有正面的評價，到頭來只顧著看有無工作績效。我覺得這樣不是辦法，想找主管商量，他卻認為我沒有工作能力，要求我更有主見。

然而，與主管面談時表達出我的看法，但主管卻不願聽我的說明。當然更不用說給我「這個部分做得不錯」、「你很認真」等等正面的回饋。

難道所謂的績效，就是誇大自己的工作成果，以獲得高評價嗎？主管難道不是應該確實聆聽部屬的做法，告訴部屬哪個部分做得好，哪個地方還不足嗎？

---

當主管與部屬之間發生這樣的情形，在討論工作績效時只會感到痛苦。而且，如果

你積極表達意見，為工作而努力，卻看見周遭的同事沒有幹勁、老是被動地去處理工作，更容易心生不滿，忍不住質疑為什麼自己老是受主管嚴厲的責備？

這種不安是自覺工作能力沒有受到肯定及認同，老實說，不景氣持續低迷的經濟環境中，要提高良好績效是一件很辛苦的事。和前輩的成績相較，新人的績效較不理想是正常的。但是，一開始就要求新人產生良好績效，沒有績效就不給予認同，我認為是很不合理的。

「明明周遭有些同事只會擺老欺負新人，或是裝死不幫忙，但主管沒有制止這些情況，反而是我只要犯了一點疏失就反應過度。」

「明明是我比較認真工作，我的貢獻度更大，但他們的薪資卻比我還高，根本不公平！」

「對於沒有幹勁的前輩不吭一聲，一天到晚只會責備我，根本沒道理，明明就是前輩只會在工作上敷衍了事，我不服氣。」

我常聽年輕人發出這些怨言，**對於評價感到不滿的背後因素，是因為對於主管沒有肯定自己的努力，感到煩躁。**

但是最差的情況，是從無法受到肯定的不安，**轉為喪失自信，貶低自我的負面情緒**，覺得自己派不上用場，或是認為既然主管不會肯定自己，開始自暴自棄地對工作敷衍了事。演變成這種狀況時，就會愈來愈沒自信，無法以積極的態度面對工作。

## ❸工作上一無所獲，對未來感到不安

即使我以自認有效率的方式去完成工作，也不會有人告訴我這個方法是否正確。我不清楚其他人究竟採取什麼樣的做法，實在無法判斷我的工作方式究竟好不好，或是工作難度高不高。

同時，我也對於自己的能力是否有所提升感到不安，我的知識及技巧似乎一直都在原地踏步。在這樣的狀況下，主管卻完全沒有給我任何建議，沒有考慮我的情況，如果想要更提升，實際上應該加強或進修哪些部分；如果想有所成長，應該朝哪些方向努力？我完全沒有頭緒。

無法和主管保持良好的關係、在職場找不到容身之處、未受到肯定等不安的情況下，工作起來十分痛苦。長久下來，你漸漸地開始懷疑：這麼下去好嗎？這麼下去能夠成長嗎？

甫進公司立刻被任命為某個專案的負責人，以自己的想法、判斷去進行工作的案例很多。不過，仍然有許多人在這樣的情況下，確實執行被交付的工作，透過這樣的經驗，建立起「我也做得到」的自信。

然而，**要是這樣的情況持續好幾年，不斷重複同樣的狀況，就會察覺到：自己並沒有進步。**

你對主管感到不滿的原因，是否因為繼續維持現狀，感受到不會成長的危機及焦慮？這樣的焦慮，主管不瞭解也沒發現，沒有任何作為，你會感到徬徨也是情有可原。

# 為什麼會出現「三年離職潮」？

和主管的關係不佳，覺得無容身之處；主管無法肯定自己的長處，發現自己原地踏步、沒有成長……無法從這樣的焦慮中脫身的上班族正在增加當中，心態無法回到積極，就會對這種焦慮習以為常。

「反正不論怎麼做，都一樣」，一旦在工作上自暴自棄，更不可能改善現況。而認為繼續待在這家公司也沒前途，不如早點死心，因而辭職的人也逐漸增加。

根據厚生勞動省（主要負責醫療衛生以及社會保障的政府機構）的離職率調查，大學畢業生在就業後三年內辭職的比率，在二〇〇四年為百分之三十六點六，達到最高峰，而後每年仍然持續超過百分之三十，社會上出現「現在的年輕人三年就會辭職」的結論。

順帶一提，歷年離職率最低的是一九九二年，為二十三點七，直到一九九四年都在百分之三十以下。

光看數字或許還感覺不出現在的離職率有多高，但實際上，多數企業都為目前的高離職率感到頭痛。因為和泡沫期相較，雇用人數明顯縮減了許多。

## 等到看見辭呈，才大吃一驚的主管們

對公司來說，經過慎重挑選的優秀人才，卻待不到三年就辭職，比大量錄用新人時期百分之二十五的離職率，更加令人印象強烈。經常聽到的離職原因的有以下三個：**「和面試時聽到的工作內容不同」、「職場氣氛不適合自己」、「主管和周圍的人際關係」**。

也有不少人無法按照期望就職，因此，就職後發現工作和想像有很大差異；另外，在就業說明會時，聽了社長或經營階層勾勒美好的遠景，幹勁十足的前輩分享自身的經驗談，然而實際上進入公司以後，卻沒有看到心態積極、活力充沛地投入工作的前輩。

不僅如此，大家都很忙碌，感情並不融洽，只是漠然地工作，職場氣氛冷冰冰，很多新人對於這樣的落差感到煩惱。

但是公司或人事部門卻認為：「這就是現實，在這樣的情況下能夠努力到什麼程度，決定了他們的成長。」因為抱著這種心態，所以他們並未讓主管們知道新人困擾的反應，等新人表示「我決定辭職了」，才感到驚訝的主管們也很多。如果說責任出在公司或人事部門沒有建立讓新人傾吐煩惱的管道，我認為確實如此。然而卻經常聽到主管們抱怨：「他們在決定辭職前，至少應該來和我商量一聲吧？」為什麼會有這麼多人早早就對公司死心呢？

## 認為「煩惱工作」，是「能力不夠」

實際上，有時候直接因素是與主管之間的關係，確實有人被高壓的主管逼迫到不得不辭職，「和主管合不來，公司任用這樣的人當管理職，我無法對公司有信心」，有人抱著以上的想法，懷疑公司的未來發展度而打算辭職。

不過，真正辭職的原因，通常發生得更早。**多數離職的上班族們都覺得，當他們為這些事煩惱時，找不到任何一個可以商量的對象。**

不僅和主管之間，和周圍的前輩之間的關係也很疏遠。這麼下去好嗎？繼續待在這家公司能夠成長嗎？主管認同我嗎？煩惱這些事情時，找不到人可以商量，也沒有人發現自己正在煩惱。

而且，和同期的新人之間也缺乏交流。職前訓練結束後立即分發到各部門，還沒建立深厚的關係就已經各自到崗位，之後也沒什麼機會見面，無法和他們取得聯絡或找他們商量心中的煩惱。

一想到如果和同期的其他新人們討論這些事，「他們會不會認為我很用？」、「也許只會說一些不中聽或敷衍的話」，不想讓人看見脆弱的一面；更何況有些時候，同期的新人很少，甚至根本沒有。

懷著這樣的念頭，獨自煩惱、不安，最後沒有對任何人提起自己的煩惱，就決定離職，誰也阻止不了。

有家公司曾經發生新人做不滿一年就大量離職的情況，我為他們進行壓力調查及事後追蹤面談。他們每個人都是認真努力的員工，其中正打算辭職，以及已經辭職的人多數都表示：「毫無空閒，只是不斷加班的工作持續下去，看不見自己的未來。」

他們想像不出自己精神奕奕工作的模樣，只看到筋疲力盡的前輩身影和自己的未來重疊。對未來不抱希望。其中有很多人表示：「不禁懷疑，這真的就是我想要的工作嗎？」

而且不出所料，他們有一項共通點，就是難以向同期的人傾訴這些煩惱：「這些想法，說不定是我太任性，或是因為我太軟弱。」抱著這種自我懷疑的念頭，封閉了自己的內心。

## 有時候，只是少了一句鼓勵

許多上班族就這樣疏遠主管、周遭同事，甚至同期，使自己陷入困境，最後選擇辭職一途，我非常瞭解這樣的心情。

但是，在你開始鑽牛角尖、萌生辭職的念頭時，還是先和其他人商量。就算這些煩惱是因為你的不成熟，很多情況下，**只要有人告訴你一句：「你想太多了」、「不用著急」、「總會解決的」等等，就能讓你恢復幹勁**。

因此，決心離職前，若是有前輩鼓勵你：「先找人事部門商量看看，能不能先讓你調動到其他單位，就算無法立刻調職，只要確實把意願傳達給人事部門，或許哪天就有異動的機會，在新的部門努力以赴，在工作上有好的表現，說不定就能從原本的挫折感找回自信。」或許，你就會思考完全不同的選擇。很多人在公司找不到能說出真心話、毫無顧忌地呈現脆弱一面的對象。

辭職，或許也能開拓出一條嶄新的道路。**不過，換工作以後，誰也無法保證新的工作場所就能夠讓自己發揮實力，就能做真正想做的工作，或者能遇見支持自己的主管及同事。**

因此，不妨多聽其他人的意見，客觀審視自己的狀況，仔細思考：換工作之後，我是不是能更積極？是不是更有機會成長？

## 為什麼上班變成一件苦差事？

決心辭職以前，希望你先想想看：為什麼主管及周遭的同事變得對彼此漠不關心？主管及前輩或許確實忙於本身的工作，無暇分心其他，但是，起因是一九九〇年初泡沫經濟崩壞以後發生的組織經營變化。

### 主管和前輩很冷淡？其實他們忙到沒空說話

過去的日本企業，習於公司的利潤成長直線上升，雖然每年錄取大量的新人，營業額的成長絕對遠超出雇用新人的成本。同時，由於公司採終身雇用制，只要和一般人同樣地付出努力，幾乎所有人都能依照年資晉升為管理職。就算公司當中有些人怠惰，公司本身仍然有成長，薪資也是全體得到調整，在這樣的體制下，不會產生極大的不滿。

然而，日本企業這樣的運作方式，隨著泡沫經濟破滅，不得不重新調整。長期業績低迷，公司面臨裁員、企業重整，**為了精簡人力，加速並擴大裁減冗員，因此，每個人的工作任務及責任就必須更加明確**。明確訂定個人的工作目標，每個人都必須各憑本事提升工作績效。

這樣的背景因素下，除了管理許多部屬，主管還得完成自己份內工作、甚至比部屬負擔更大業績額度，不僅是主管，所有員工都將自己的績效擺第一。績效主義滲透，每個人都只能在自身的工作上全力以赴。

最後演變成主管和前輩都只為本身的工作、績效疲於奔命，新人的雇用人數也大幅刪減，**即使新人進入公司，也沒有人有多餘的精神及時間去栽培，即使明知不合理，還是期待新人能立刻產生戰力**。

缺少下班後的聚會，也極少有溝通時間，不瞭解彼此的感受，在這樣的情況下，形成一個沒有情感交流，同事間無法互相理解的職場，在互動上稍有些不注意，就會無意中踩到對方的地雷；有什麼事情想拜託對方，只得到一句「我很忙」的回絕；談話漸漸變得公事公辦，電子郵件的回答也很簡短，這種的回應方式，讓人感到「真是冷淡」、「好自私」。

然而，其實很有可能只是對方因為太忙，以致心情焦躁，由於不瞭解這點，所以只要稍微互動不佳，彼此就逐漸疏遠，使得同事間的關係愈來愈冷淡，形成惡性循環。我把這樣的工作環境稱為「不愉快的職場」。當這樣的職場增加，主管和部屬間的關係也會更加疏遠。

現在有許多年輕的員工，沒有得到主管或其他同事的關心與協助，被逼進一個只能靠自己的職場環境中。

## 被動等待主管來溝通，是最差勁的做法

的確，無法善盡職責的主管愈來愈多，也有主管們認為，應當與部屬保持距離。不過，我希望身為部屬的你，不要因此認為「既然如此，不要和主管走太近比較好，我不信任主管」，放棄與主管建立良好的關係。

就我目前所看到的主管，光是處理自己的工作就已經筋疲力盡，他也自身難保。他們缺乏栽培部屬的教育及經驗，在短暫的時間內該如何和每個不同價值觀、工作方式不同的部屬溝通？確實令他們很煩惱。

很多主管雖然煩惱，卻總是抓不住時機，不知道如何與部屬對話，也不知道該如何建立良好的關係。

「這點我雖然也明白，但既然彼此都為同樣的事情煩惱，難道不是應該先由主管採取行動去改變現狀嗎？」

我也贊同這個想法，不過，**一味地被動等待主管改變，也有可能永遠等不到狀況好轉**。在心裡和主管劃清界線很容易，不過現實中卻不是這麼簡單，主管會對部屬造成很大的影響。

你可以先客觀地觀察主管，他是否真的不在乎部屬？他是不是一個本位主義者、認為給旁人施加壓力是理所當然？

如果觀察以後，主管的確是惡意壓榨你或其他同事的人，不妨和你信賴的同事或人事部門商量，不需要一個人獨自煩惱。

如果主管本身也受到他的主管壓榨，或是埋首眼前的工作一味逃避，他或許不是一位能夠信賴的主管，但希望你不要放棄，或許你的主管也正想設法改變現況。

別輕易放棄和主管之間的溝通，一旦你放棄了，內心就會逐漸對這樣的冷淡的職場關係習以為常，築起一道牆把他人隔絕在外，這將會使得其他同事無法了解你的狀況，即使你遇到難題而煩惱，也沒人注意，只能自行設法解決的狀況，將會愈來愈嚴重。

## 得過且過的心態，很容易變成習慣

最糟的是，你看不到工作成就感及意義，「反正工作不就是這麼回事」，因而放棄改變現狀。

「主管及周遭的人對我視若無睹，也不幫助我，我只能靠自己努力。」

「可是，即使我努力以赴，公司也沒有給我任何肯定及評價。」

「所以，只需要做好眼前的工作就好了。」

「盡力而為就夠了，只要不會影響考績，不要引人注目就好。」

不知不覺中，**你在工作上養成得過且過的心態，不再積極面對工作。**

甚至於認為「做這種工作也沒意義」，面對工作開始馬馬虎虎，「只要完成交辦工作就好了」，工作態度敷衍隨便。這麼一來，只要疏忽或一不注意，就可能會產生客訴或其他問題。

非但如此，你開始對小小的喜悅麻痺，無法從小事中學習。不久便會轉為對周圍有怨言，你看不到好的，一切事物在你眼中都沒有意義，甚至最後開始貶低自己「我真沒用，什麼都做不好」。

「即使無法在工作中成長，照樣可以活下去。工作又不是人生的一切。」當你抱著這樣的想法時，反而會讓工作牽著鼻子走！整天焦慮煩躁，開始想著除了工作外，生活中還有什麼事情能讓自己感到快樂。

的確，這樣的想法對上班族來說很重要，不過一整天絕大多數的時間都在工作，若是工作時無法讓你感到有動力，對你的身心會持續造成負擔。久而久之，一工作就會覺得痛苦，同時也會使得你在這個社會中的生存能力降低。

因此，希望你不要放棄對工作的期待。相信你進公司後，對於工作應該懷著很多理想，就算和現實有差異，也希望你不要立刻就認定這個工作不會帶來成就感，覺得就算勇於挑戰也不會產生績效，不會得到好的評價，所以馬虎以對，降低對自己的要求。

## 再怎麼有能力的人，也需要團隊合作

我認為工作內容中有八成都是很辛苦的，不過能夠堅持下去，就會覺得自己的工作一定對他人有幫助。就算實際上還差得遠，也會覺得負起了社會責任的一環，有人會因此而感到喜悅——即使次數不多，也一定曾有過這種感覺的瞬間。

能抱著這種心情持續工作下去，就能肯定自我；就算辛苦，也會感到活得很踏實。只要能夠這麼想，就不會因主管或周遭的影響而感到無所適從。

確實在這二十年間，公司的運作及職場狀況都發生很大的改變，主管及部屬間的關係開始疏遠，前輩本來就應該栽培後進的文化蕩然無存。相對的，因為主管及前輩什麼都不說，所以只好自行尋找工作的方法，靠著自己的判斷完成工作，當然，也有人在這樣的職場環境中，能做自己喜歡的事，並且做得很好。

不過，即使是這樣，也不可能永遠都只靠自己獨力完成工作。**職場環境愈來愈複雜，跳脫現有框架尋求互助合作，應該更加重要**。若是無法和他人互動互助，就無法產生工作績效，希望你不要作繭自縛。

在認定工作不就是這麼回事以前，**不妨先去發現工作的意義、有趣的地方、辛苦的地方，即使是細微的感受也沒關係**。不妨主動試著去理解主管，想想看是否能主動出擊，影響主管並讓他們採取行動。

人都會受到周遭環境及旁人的影響，你無法從其中逃離，想辦法把所有遭遇轉化成對自己有意義的經驗，若是做不到，就會被大環境擊潰。

不要被周圍的環境牽著鼻子走，不要輕易被擊垮，如何在與周遭的互動中發揮你的能力？如何打造出一個讓自己學習成長的環境？希望你在放棄和主管溝通前能先思考看看，相信最後，這些經歷一定能夠使你更茁壯。

chapter

# 2

# 徹底解析！
# 主管難相處的原因

# 你的主管是哪一種類型？

主管未確實指導工作，沒有給予部屬任何支援，不瞭解部屬現況就下達指令；不問過程，只看結果給評價；只要部屬犯一點錯或失敗，就針對這些錯失責備個不停。究竟該如何改善？怎樣才能進步？完全沒有給予具體的建議。

許多企業中，像這樣無法給予部屬適當關照和指導的主管正在增加當中，為了探討其中原因，以下舉出四種難相處且無法帶人的主管類型。

## 【類型❶】沒時間與部屬互動的超級大忙人

其中佔最多數的類型是把全副精力都用在自身的工作，完全沒有多餘精神及時間放在管理的主管；雖然覺得必須帶領部屬，卻不知道如何與他們互動。

這樣的主管幾乎整天都在外面跑，待在公司時，又被會議及批核公文等工作佔據了所有時間，回到家還要處理沒完成的工作，因工作而耗費的時間和體力都已經達到極限。在這種情況下，或許當事人毫無所覺，但會自然散發出「別打擾我」的氛圍。

**他們並非不關心部屬，只不過眼前的工作已經消耗了他們所有的精神**。他們沒有時間思考部屬的狀況或給予協助關照，也沒有時間和他們溝通，主管們雖然內心很在意，但他們不希望因為半調子的溝通，使得部屬無所適從，或是因而疲於應對部屬的問題。

換句話說，**他們雖然有心想要和部屬互動，卻因為沒有時間，溝通變得草率，因而無法建立良好的互動**，也就搞不清楚部屬的心情。雖然認為必須設法解決，但總是沒有付諸行動。在這樣猶豫不決的想法當中，主管還是得為每天的工作與績效疲於奔命。

這些主管們看起來或許是以忙碌為藉口，逃避與部屬溝通，但實際上，他們不論時間或精神都已經被逼到極限了。

## 【類型❷】對指導部屬缺乏自信，害怕講錯、做錯

第二種類型則是缺乏自信，因此不敢太干涉部屬作為的主管。他們擔心自己的指導態度是否合宜，自己的專業度是否足夠，會不會讓部屬有不好的觀感，因此不知道如何

與部屬互動。

現在和過去的時代不同，工作業務也變得專精且多元化。因此，主管不可能熟悉所有的業務細節，許多主管並未具備具體指示問題或改善方法的相關知識及技巧。反而是部屬因為重複同樣的工作，在特定領域中，知識或經驗的累積更勝過主管，反而比較瞭解狀況。

**萬一給錯建議，反而會讓部屬懷疑自己的能力**，認為部屬比自己更清楚工作內容，因此不給意見、不干涉部屬，或是認為不要干涉比較好的主管，也正在增加。

其實主管不需要具備該業務的知識或技巧，**而是評估工作的程序適不適當、有沒有必須調整的事項、接觸客戶的方法是否能更有效率**。和部屬一起思考的話，或許就能發現當事人沒想到的做法，或是提前發現風險。然而這些主管認為，如果無法比部屬更熟知該項業務，就無法給予具體的建議。

主管最重要的工作，是確認部屬是否依照個人的目標去架構工作流程，有沒有推估可能發生的風險，以及當預估的風險發生時，是否有因應對策。若是部屬已經對這些都有具體的計劃，當部屬需要時能夠和主管商量，這樣就沒問題了。

許多主管由於當前的知識或經驗不足，以致完全不敢干涉、確認部屬的工作狀況，無法和部屬建立信賴關係，因此也漸漸喪失身為主管的自信。

## 【類型❸】無法信任他人，獨攬工作

第三種類型的主管，則是獨攬全部的工作，不知如何分配給部屬。由於過度重視工作績效遠超過帶人，這類型的主管弄錯了和部屬互動的方法。他們把工作順利當成是第一要務，**所以對於部屬工作沒有進展，或是發生過失極為敏感，只要出了一點差錯就焦躁不安**，要是連續幾次出錯，就會表示「算了，我來」，自行承擔工作。

久而久之，主管便不再交辦新的工作或難度較高的工作給部屬，**擔心若是因此出錯，反而會造成自己的麻煩**，所以不委託工作給部屬，尤其是年輕的部屬。因此年輕的部屬只是不斷重複同樣的事務，永遠沒有機會嘗試具挑戰性的工作。

這樣的主管確實對工作全力以赴，這一點無法苛責。但這麼下去，部屬無法成長，主管本身也獨攬大量的工作，很可能在某一天崩潰，這種因為不信任部屬能力，而把自己逼到絕境的主管也很常見。

## 【類型❹】放任部屬自行摸索，漠不關心

第四種類型的主管，本身雖然盡力試著和部屬建立良好的互動，實際上卻無法和部屬同心協力。他們雖然知道帶人的重要性，卻搞錯了互動的方法。

這樣的主管沒有顧慮到部屬仍然處在缺乏自信、不安的狀況，就認為可以把工作委託給部屬，絲毫不加干涉，認為部屬已經有能力承擔。但是站在部屬的立場卻認為，自己明明感到不安，主管卻沒有任何指導，感覺自生自滅——可惜主管無法感受到這點。

另外也有相反的情況，從主管的角度來看，認為部屬能力還不足，因此每件事都一一確認，那件事進行得怎麼樣？這件工作處理得如何？稍微進行得不順利，立刻指摘該怎麼做。但是從部屬的觀點來看，卻認為沒有得到主管的信任，永遠都被視作菜鳥，因而喪失自信。

後者的情況，並不是主管不關心或不給予指導，而是不授權、不信任部屬。這樣的主管也相當多；不過，**自認為給部屬成長機會而委託工作，結果只是放任、置之不理的主管，還是占大多數**。

這是因為主管和部屬對於部屬成長的過程，在認知上產生差距，這也是因為溝通不足造成的。

另外，有些主管則誤會了管理的定義，**以為掌控工作進度就是帶人**。他們幾乎每天都要確認部屬的工作狀況，進行得不順利時就大聲激勵，「做出成績來！」「努力在期限內完成！」，**以為鞭策部屬就盡了管理職責**。他們沒有和部屬一起思考工作進展不順的原因，思考更好的方法，所以從部屬角度來看，只會覺得主管淨是出一張嘴。

實際上，很多主管不瞭解如何與部屬互動、該如何帶人，因此就部屬的角度來看，當然覺得主管沒有給予必要的建議或協助。

## 信任，是職場人際關係的基礎

以上四種主管類型，無論成因為何，他們都無法和部屬保持適當的距離。在這個階段，還不會做出讓部屬感到威迫性的舉動。不過，也有主管無法拿捏這個距離分際，因而採取不恰當的行動。

自己的工作不順利、認為不被部屬接納、部屬未達預期成果，或是工作連續出差錯等，內心的焦躁表現在對部屬的態度上，勃然大怒失控地斥責部屬；或者是自己也不知道該如何處理，所以下達目標不明確，甚至矛盾的指令，使得周圍的人無所適從，判斷失準。另外，也有一些主管只顧明哲保身，一味怪罪、壓迫部屬，強迫他人接受自己的看法；一旦出了紕漏，卻推諉卸責，只想當「不沾鍋」——如果是這樣的主管，確實無法令人信任。

**如果你的主管為了自保而強人所難，你還是必須保護自己**。避免被主管逼到走投無路，和對方保持心理上的距離，客觀地觀察主管；掌握他的情緒，學習如何應對，或是技巧地置之不理。也不要獨自煩惱，而是和其他前輩或同事一起思考如何應對，如果有同事因主管的緣故而苦惱境時，就應該互相協助。

如果這麼做仍然無法改善狀況，你就必須和人事或其他部門的主管商量，也有人因為不知道如何面對這種情況，不希望主管威迫的目標變成自己，因此隔岸觀火。如果同部門的同事們能夠一起商量應對方式，至少有人可以站在你這邊。

這種主管忘了在職場上最重要的一件事，**那就是主管和部屬間的關係，是建構在彼此的信任之上**。不論主管說了多少堂皇的道理、執行工作的正確度有多高，如果沒有和部屬建立互信關係，就無法正確地傳達原本的想法。

而只要彼此能建立起深厚的互信關係，就算理解上出現偏差，或是發生錯誤，都能夠修正，對方也會願意配合，但這些主管卻忽略了應該和部屬建立「互信關係」，才是最重要的基礎。

# 又要管理、又要績效，主管好難當

信賴可以分為兩個階段，第一個階段是讓對方願意信任，讓對方覺得自己不會受到背叛、欺騙或敷衍，當犯錯時，不須獨自承擔所有責任，簡單來說，就是要成為「（讓他人感到）可信任」的人。

任何人都難以信任這種人：本位主義、出爾反爾、聽不進別人意見；建立互信關係的第一階段，是真誠地面對彼此，先獲得對方信賴。

第二階段則是「成為（他人的）依靠」，當對方認為發生意外的狀況，你能夠維護他，協助他做出正確的判斷、提供具體建議，在辛苦的時期給予支持，就表示你受到對方的依賴。

**首先是讓自己成為一個可以信任的人，並且讓旁人覺得你是一個可依靠的人**，當彼此能有這樣的想法時，就能建立可靠的信賴關係。

這並不僅是指主管與部屬間的關係，也可以說是一切人與人之間的基礎。部屬若是無法讓主管信任，就無法讓主管接納自己。

## 主管也是人，無法做到一百分

無法和部屬建立良好的關係，不僅無法給予指導，甚至完全不顧慮部屬的感覺，只考慮自身卻為其他人帶來困擾……在這種情況下，你認為主管失格也情有可原。

不過，希望你能夠想想看，若是你站在主管的立場，你能夠斷定「我絕對不會跟他一樣」嗎？你是否有自信，不論多麼著急，都絕對不會影響到其他人？不論多麼忙碌，都一定能夠耐心聆聽部屬把話說完嗎？

你是否能保證，即使高層主管給你蠻橫的指示、面對奧客的要求，也絕對不會因此把這些爛攤子交給部屬收拾，完全和部屬同一陣線？面對性格不同、良莠不齊的部屬們，你若身為主管，都有兵來將擋的自信嗎？

不僅是部屬，就連許多主管也被逼得喘不過氣。**當一個人承受絕大壓力時，就容易對他人有敵意，採取攻擊態度，或是和周圍保持距離來保護自己**，這是任何人都有的自我防衛反應。「不論壓力有多大，絕不當一個壞脾氣或逃避責任的主管」，應該沒有人能有這樣的自信吧？

## 現在的公司，缺乏中階主管的角色

為什麼現在被壓榨的主管這麼多呢？前面也提到，由於泡沫經濟崩壞，主管的工作內容及角色意義起了很大的變化。在高度經濟成長期直到泡沫期為止前，主管的職責都是管理工作及部屬，針對目標確認工作進展，當進度延遲或發生問題時加以修正，在期限以前完成工作，主管的任務就是掌控這個流程。

當工作執行中，發生較大的差錯時，主管必須出面解決問題及滅火；若有部屬缺乏幹勁，或是煩惱自己在公司的未來發展，就要好好傾聽他的煩惱，激勵並從旁協助，讓部屬恢復幹勁、全力以赴——這是從前的典型主管。

實際上，過去也有很多整天看報紙，似乎無所事事的主管，或是一天到晚頤指氣使，但他們多數仍然受到部屬的信賴，因為他們會和部屬一起煩惱、一起思考、一起行動。即使平時乍看之下很悠閒的主管，必要時就會為部屬挺身而出，忙著解決問題，維護部屬，最後大家一起喝酒，享受辛苦後的慰勞。因為他們是這樣的主管，所以能夠受部屬愛戴。

然而，這樣的主管群隨著泡沫經濟的瓦解，在職場消失。不僅主管，**所有人的存在價值也被打上許多問號：是否派得上用場？有沒有冗員？**

由於組織瘦身及扁平化，副理、副課長、股長等中間主管職，從企業組織中消失。有些公司甚至一個經理底下管理數十位職員。位於高階主管和部屬間、負責協助主管的中階主管職務消失，使主管負責的工作項目急遽增加。

## 派遣員工增加，薪水不再隨年資成長

尤其當企業的績效考核更加嚴苛時，雇用人數縮減，改以雇用派遣員工代替一般職員，以便降低人事費用的制度更加盛行。其他還有把薪資制度改成每年議薪或依個人績效增減的績效給薪制度，即使同期進入公司，薪資也有很大的差距，依據公司績效撙節人事費用開銷。在這樣的狀況下，在主管底下工作的成員結構，甚至他們的思考和行為模式都起了變化。

例如，依年資決定薪資的傳統制度取消，愈來愈多主管要帶領比自己年長的部屬；派遣或簽約制等不同雇用型態的成員出現，重視「工作與生活平衡」的員工增加，也是一大變化。

此外，隨著資訊科技的發達、演進，使得許多不同類型的工作開始仰賴電腦作業。必要的資訊幾乎都能藉由電腦取得，每個人的工作變成只需面對電腦，更使得同事之間的互動消失。

泡沫經濟破滅後的企業內部構造發生急遽的改變，不同雇用型態、不同工作觀念的員工跟著增加，只專注在個人工作的員工也大幅增加，如何管理這樣的一群人，讓組織達到最佳績效，就成為主管的職責。

另外一個和過去主管職最大的不同，就是幾乎所有的主管都必須「教練兼球員」。**主管只需負責「管理」的時代已成為過去式，現在他們必須親自站上第一線，也有自己要負責的業務績效**。除了本身的業務，他們仍然要負起帶人的責任，主管的職責範圍明顯比過去更重大。

## 員工的同質性降低，管理起來更難

到了二〇〇〇年，工作難度更高了。首先是隨著網路的發展，資料洩漏的風險大增，因此有必要從個資保護及規範的層面加強管理的必要性。另外，除了性騷擾，藉由職權施以精神霸凌等職場上的各種問題，主管也必須處理員工的心理健康及加班時間等問題，管理起來十分耗費心力，思考如何預防問題發生的時間也愈來愈長。

同時，有關部屬多元化的部分，非正式員工的雇用比例大增，有時甚至必須帶領外國籍的部屬。對於工作價值觀、工作型態、工作態度、對公司的想法等等，每位員工都不同，卻形成一個共同的組織，因此使得管理的難度明顯大增。

問題是：主管對於這些變化並沒有充分的準備，也沒有受過相關的職訓教育。**目前的主管或許曾接受如何達成個人績效的業務教育或技巧訓練，但不曾經過管理教育的管理職卻俯拾皆是。**

即使參加過新任管理職研習，通常都著重在工作管理及考核制度的說明。如何面對形形色色的成員、如何培育部屬、如何讓部屬團結一致成為組織的力量，這些身為管理者應有的行為態度及應採取哪些具體行動，多數的企業根本沒有相關的訓練。

現代的主管在年輕時都缺乏培育人才及管理組織經驗，泡沫經濟瓦解後，新人的雇用率銳減，不再有需要培育的後進。這些狀況經年累月持續下去，其中有些始終被指派從事某些特定業務，只精通單一業務的人，成為現在的主管。

要求這些人突然擔任管理職，他們的經驗實在少得可憐，他們自身累積的知識經驗庫存量根本不足以因應帶人和管理，所以一旦發生問題時，他們就手足無措，不知道如何處理，不知道所做的決策是對是錯。

而且，若問到致力於組織管理或培育部屬，是不是有助於考績，答案也令人疑惑，因為主管本身的業務績效才是考核的重點。這麼一來，主管究竟為什麼要付出心力在管理上面？帶領部屬為自己會帶來什麼好處？煩惱這些問題的主管也不斷在增加。

**身為主管要負的責任重大，但卻無法帶來相對的投資報酬，即使為管理工作付出心力，也不會得到良好的績效。**在這樣的情況下，被要求「善盡一個主管該有的責任」，真的能做到嗎？就算做得到，也絕對不輕鬆。以上說明現在公司主管的處境，希望你能夠理解他們所面對的困境。

## 從不同的「時代背景」，瞭解主管

難道現在的主管都這麼差勁嗎？有些主管確實很差勁，或許你的主管在指導部屬、組織管理方面，並未具備足夠的能力，或是雖有能力卻無法發揮。不過，若是因此斷定他是一個「失格的差勁主管」，或許言之過早。

現代主管也為了如何在嚴苛的環境下管理部屬而煩惱，也有人認為不能再維持現狀，正努力突破困境，開始在管理教育方面著手努力。

### 你的主管，也曾當過別人的部屬

先跳脫自己的角度，從第三者的視角觀察你的主管。他真的那麼惡劣嗎？真的一無是處嗎？真的完全沒有值得學習之處？希望你從這些角度重新思考看看。拿開那面討厭主管的有色濾鏡，去瞭解當事人的態度及言行舉止背後的價值觀和想法。

**瞭解主管最好的方法，就是去瞭解他現在的價值觀和思考基礎是如何形成的。**主管曾有什麼樣的經歷，工作時的原則和判斷基準是什麼？他們過去如何經營主管與部屬間的關係？他們在這些經驗中學到了什麼？有什麼感受？在聆聽這些經驗之際，就能看見主管重視的工作價值，以及他在主管與部屬間的關係當中，究竟看重哪些事情。

就這層意義而言，依照不同世代，將主管的價值觀或思考差異貼標籤，形成刻板印象，或許並非好事。不過，看到現代的主管，不禁令人覺得年輕時的工作經歷和職場人際關係，對於他們的價值觀及思考方式仍有很大的影響。

這裡所談的畢竟是概括性的論點，即使同一世代也不能一概而論。不過，我認為對於你理解主管多少有幫助，因此以下就以不同世代作為劃分，說明主管們的價值觀及思考特質。

## 經歷安定成長的資深主管，缺乏領導的自信

一九六〇年，日本的池田內閣發表所得倍增計劃，加速高度經濟成長期。國民的生活更富足，日本的GNP（國民生產毛額）也在這個時期高居世界第二。雖然在一九七

三年發生第一次石油危機後，經濟短暫不景氣，但不久便進入經濟安定成長期，景氣不斷好轉。

在這樣的時代經過少年時期，一九八〇年代前半成為社會人士的世代，成為現在五、六十歲的資深主管，他們多數都已成為部長或董事，位居帶領公司的地位。他們是使得日本企業不斷成功拓展新事業，擴大出口，在國際上博得「日本第一」美譽的第一線開拓者。

他們並不像重振二次世界大戰復興的世代般白手起家，不過，他們卻是主導多角經營、海外發展，目睹經濟不斷蓬勃發展的前輩，和他們共同體驗嶄新挑戰的世代。

他們在二十〜三十歲的職場生涯中，正好經歷依年資給薪晉升、終身雇用為前提的日本式經營，並達到某些成就。**這個世代的人有一些成功體驗，即使範圍並不大，但仍擁有自己開疆擴土的領域。**

因此，他們有自己一貫的主張或方法，成功的模式、順利的工作規劃、工作優先順位、對顧客的態度、順利解決問題的方式、談判的方法、公司調整的方法、如何在協議中取得優勢、如何激發士氣、如何建立共識……。在經驗累積中，得到主管或前輩的指導，建立順利完成工作時，不能偏離的重要價值觀。

另外，**這也是一個大家歷經共同學習、成長的世代**。和夥伴相互競爭取得專業證照、在公司舉辦研習、發生問題時大家共同討論，尋求解決對策、一起學習新技術……他們認為這些都是理所當然，也擁有許多對工作的積極態度及想法。

然而他們卻並未主動向部屬傳授這些經驗和想法，其中有兩個主要的因素：**第一，對於年輕一代的顧慮或缺乏自信**。由於企業環境發生重大變革，精通資訊科技的人能夠有良好的工作效率，也有人只需坐在電腦前就能做出絕佳績效。

另外，過去必須憑著勤奮拜訪的業務或招待客戶，和客戶建立深厚感情的做法，現在也未必能使生意成交。一發生企業併購或全球化等大方向轉變時，都可能突然終止生意往來。

這些主管或前輩由於這些經驗，使他們對於昔日的做法是否能適用於現代社會失去自信，就算年輕人在基本的工作上失敗了，也無法開口給予建議。

**第二，有一些主管或前輩在埋首於眼前的工作時，遺忘了他們原本重視的價值觀或想法**。他們對於每一件工作應該投入什麼樣的心思？如何著眼於顧客觀點？如何激發工作夥伴幹勁？……他們原本能夠在周全考慮這些條件的狀況下持續完成工作，卻因為績效主義的壓迫下，失去自我原本的樣子，失去往日重視的工作態度與堅持。無法將這些經驗傳承下去，非常可惜。

## 白手起家的高階經理人，對改變躊躇不前

比資深主管更高層的主管，是主導高度經濟成長期的世代，因此他們的作風不一樣。雖然他們幾乎不是經營階層，就是已經退休的一群人，但是他們具有白手起家的強烈自信，能夠靠雙手打天下的自負。因此，即使他們和新時代格格不入，他們仍然具有強烈信念，不會輕易妥協自身的價值觀或工作哲學。

**然而，現在的部長、董事層級的人，不可能經歷過如此強烈的成功體驗。**何況，在帶領泡沫經濟瓦解後的艱困時期，擔任管理階層的他們，更能切身感受第一線的變化，所以反而對於主動改變現況躊躇不前。

不過，這個世代的主管被調任到其他國家、成為當地的負責人或領導者後，再度闖出一番成績的案例時有耳聞。他們栽培當地年輕人才，讓職場充滿活力，對於任何事都

想學習，熱心的當地年輕人，一一教導他們工作的方式，指導他們在當地背景下應有的工作態度，激發他們的活力。

實際上在亞洲企業躍進的背後，像這樣燃起當地生命力，培育當地人才的日本技術人員及日本管理人員的力量發揮了很大的作用，而帶到當地的經營哲學，就是松下幸之助及本田宗一郎等人的經營哲學。這些重要的工作價值觀，在亞洲企業中沿續下來。

如果能從這個世代的主管身上學到經驗及想法，今後應當也能加以靈活運用，不妨深入瞭解後好好的學習。

## 泡沫時代中培育出的中堅主管，樂於接受挑戰

接著希望你看看在泡沫景氣時期進入公司，也就是現代的中堅主管。從一九八六年到一九九一年進公司的這群人，一般稱為泡沫世代，事實上我正是屬於泡沫世代。土地及股票等資產價值急遽攀升，過剩資金投入事業、人才，甚至娛樂；如今回想起來，確實是整個社會處在高昂情緒、紛擾不斷的時代。

尤其大學時期曾經驗泡沫期的年輕一代，他們切身感受到整個社會的氛圍，到處充

滿最新的資訊，追趕著最流行的趨勢，一掌握有趣、新鮮的消息，就立刻付諸行動去體驗嘗試。

聖誕節送給女伴價值數萬圓的飾品、到高級餐館用餐，國外旅行更是不足為奇，短期留學也是這個世代的共同體驗之一。在充滿嘗試任何能、體驗嶄新事物及樂趣的能量中渡過學生時代。

從小就歷經激烈的升學考試，對於課後及假日補習習以為常。但是只要進入理想大學，就等於拿到進入理想公司的門票，所以拚命努力在升學考試中取得好成績。

不過，大學生涯由於受到泡沫經濟的影響，就如慶典般享樂的生活居多，若被問到是否認真在學業上，我想大多數的人無法自信滿滿地回答大學生涯很用功。但即使如此，就業市場仍是供過於求的狀況，因此畢業生多半能夠獲得數家公司內定錄用。

進入公司時，一開始的生活也充滿了許多樂趣。由於同期進入公司的新人很多，剛進公司的新人研習期間，每天幾乎都像在聯誼。不論是在辦公室或員工宿舍，總是有主管或前輩給予多方關注，需要跨部門的協助時也能立刻獲得支援。上班之外受邀去喝酒，雖然不免被說教，但是嚴厲中也能感受到溫暖，也能因此得到成長。

即使乍看之下可能徒勞無功的事情，藉由大家群策群力，因此從其中得到發想和討論樂趣。就算加班到深夜或假日必須上班，也不以為苦，**對於能夠充滿幹勁投入在工作上而感到自豪。**

大家熱衷於興致勃勃地投入去做一件事，和是不是假日無關，只是單純享受工作的樂趣——這樣的經驗，是成為社會人士的出發點。經歷這些體驗的世代，他們現在擔任年輕的部長或課長，成為組織中的中堅核心人物，即使不是管理職，也是公司重要的核心人才。

## 職場環境大轉變，中堅主管適應不良

然而，在這樣得天獨厚到幾乎令人嫉妒的大環境中，不斷成長的一代，現在竟然多數失去了活力。他們被稱作「泡沫中年」，反被一般人認為是因大量雇用而良莠不齊，成為公司包袱的世代。

這個世代的不幸，在於成長時期並未長期持續，而且還遭遇到激烈的變化。從一起工作、一起炒熱氣氛、一起歡笑，對這些事習以為常的時代，毫無選擇餘地被迫轉變為任何事都必須一個人獨自完成、解決的時代。**他們開始看不到工作的成就感，不知道為了什麼目的而工作**，因此而感到孤獨，開始繭居、下班後就不與他人接觸的人，據說也不在少數。

只要一參加泡沫世代的研習就能立刻明白，很多人內心對於工作仍抱著積極的態度，回首過去的辛勞，就算獨自一人，也能設法克服困難去努力的經驗。即使認為可能做白工，也不輕易放棄，韌性堅強地尋找對策，總能設法渡過難關的寶貴經驗。

但是，他們對這樣的自己卻沒有自信，或許是因為這個世代的人，瞭解集眾人力量一起完成一件事是多麼大的喜悅。這個世代有許多人就算面對辛苦的工作，也能因為有大家一起克服的喜悅，激發出眾人的鬥志，除了對他人有貢獻，更能發揮比旁人期待以上的力量。

這些多餘能量無處發洩，所以很多人熱衷馬拉松等運動，重新投入過去的嗜好，或是透過協助孩子的升學考試燃燒這些能量。

由於消息流通，泡沫世代的主管對許多事情感到興趣，自然而然能和大家一起進行某些活動。事實上，熱衷臉書的也是這個世代；常開同學會，幾乎每星期都和形形色色的人聚會，這類的事情也時有所聞。

## 就業冰河期的主管，力求自律自立

一般認為一九九一年是泡沫崩壞的一年，但也有許多公司直到一九九三年仍然沒有發生很大的變化。然而從一九九四年左右開始，就業環境開始變得嚴酷，有效甄選率跌破一以下，開始出現無法找不到工作的人潮。

尤其是金融機構的危機對於其他產業造成極大的影響，不良債權無法有效處理，銀行也尋求合併或調整，設法讓金融機構能夠存續。然而，一九九七年北海道拓殖銀行及山一證券相繼倒閉，使得整個社會感受到極大危機。

「以為是鐵飯碗的大企業都有可能倒閉。」

「創造自己的職涯，不要以為公司可以守護自己一輩子。」

「成為其他公司願意挖角的專業人才！」

類似以上警語的書籍在市面上紛紛出籠，「自律、自立」成為新的關鍵字。

到了二〇〇〇年前後，資訊科技公司如雨後春筍般地相繼創業，相較於停滯的大企業，希望能在有顯著成長、開拓新領域的企業就職的人大量增加。**不被過去的障礙束**

**縛，開拓自己的道路，這對企業或對個人，都成為最現代的生存之道。**

體壇也是同樣的狀況，野茂英雄渡海進入美國職棒大聯盟；鈴木一朗和中田英壽等，自我信念堅強而嚴以律己，具有高度專業意識的人們，在所屬的專業領域中表現出色。唯有像他們這樣才能生存下來，務必成為某個領域的專家意識，感染了整個社會。具有專家意識的人，現在仍在第一線擔任領導者大顯身手，他們可能是部門裡課長底下的核心人物，或是成為年輕的主管、一展長才。

這些人由於在就業冰河期中，通過嚴格的關卡而引以自豪。他們被迫正視自立、為自己負責、瞭解成果主義的重要性，設法獨立自主地維持並達到工作績效，即使被施加壓力也堅持努力到底。

另一方面，**這也可以說是一個貧富及階級懸殊拉大的世代**。有些人找不到工作被迫成為打工族，或是放棄尋找正職。原本以為景氣復甦就能找到工作，投出履歷卻始終沒有回應。就算公司招募非畢業生，沒有正職經驗的人通常無法通過錄用門檻。現在雖然有所謂的「二次新畢業生（畢業後暫時就職，不久後跳槽的求職者）」，但是積極錄用這些求職者的公司仍屬少數，無法在企業被雇用為正式職員的人數持續增加。

## 實戰能力高，卻不懂團隊合作

從這個世代的上班族口中，最常聽到的就是和同期之間的互動很少，原本同期進來的新人就不多，進公司後研習期間極短，在泡沫經濟時期理所當然的公司宿舍福利，現今也取消了，難以和同期的同事們建立深厚的關係。當研習結束被分發到各自的崗位，突然被指派為負責人，只能靠自己設法完成工作，要是工作中有什麼不順利的時候，覺得沮喪、煩惱，也沒有可以商量的對象。

就算在公司沒有同期的夥伴，在公司以外能夠有可以商量的對象倒也還好。然而，由於就業差距拉大，就算是和學生時代的朋友也未必能輕鬆交談。

在就業冰河期世代出社會的上班族，特色就是真的非常努力。然而付出努力是否真的受到肯定？除了少數人可以做出成果，多數人並沒有得到良好的回饋，只有部份能在未受肯定下持續展現傑出成效，但是更常聽到有人因此感嘆，漸漸喪失工作的自信。

二十多歲時便在職場上歷練，和周圍的互動關係，無法藉著同事、前輩和主管間互相協助依賴，彼此認可之下建立自信，只能一個人全力以赴，自行克服困難，培養自身實力，但另一方面，也被剝奪了與周圍的人建立良好關係，藉著大家的力量培養並發揮能力的機會。

這樣的人一旦成為主管，被部屬要求「希望主管能帶領、指導」時，卻欠缺這樣的經驗。他們在當部屬時，並沒有得到他人的指導，很在意如果自己不懂帶人，是否會被認為沒有能力？

因此，很多這個世代的主管，對於無法自行思考、動不動就問別人的部屬，立刻就認為對方「真沒用」，無法主動跨出一步去給予指導。

然而，**也有很多人煩惱著：這麼下去好嗎？當上主管後，應該如何培育部屬，和部屬建立信賴關係，卻不知道自己怎麼做才好**。希望你能聽一聽主管們的想法，藉由訴說自己的經驗，他們一定能發現溝通的重要性，以及感受到部屬瞭解自己的喜悅。

## 任何主管都有強項，找到它！

透過以上的說明，相信你已經知道，不管任何一個世代的主管，在什麼環境下受到什麼樣的培育方式，絕對會影響他們的思考或行動。

安定經濟成長期教育下的資深主管，一方面接受主管嚴苛的鍛鍊，**一方面深植了在工作上應有的價值觀及態度**。仔細做好每件工作、對顧客真誠的態度、堅持到底不放棄的強烈責任感……，所有的人都把這些工作態度視為理所當然，彼此互相學習、支持彼此，同心協力的時代。

難道從這些前輩身上，沒有我們值得學習的地方嗎？和現在相較，確實工作方法及環境背景都大不相同。然而，累積無數前輩們的經驗，這些主管們學習到如何面對工作的態度，難道無法適用於現代嗎？

大學時期，或剛成為職場新人後體驗到泡沫經濟的世代，他們確實是時代的寵兒，可能對自己不夠嚴格，也可能態度不夠負責。不過，**對於任何事都抱著興趣，希望嘗試體驗並樂在其中的態度**，在這個令人感到滯悶喘不過氣的時代，一定會成為一股改變的能量，先做再說的積極態度，正是帶給周遭活力的泉源。

在就業冰河期的艱苦時期，被要求專業意識、獨立、自行負責，一定得獨自努力的世代，自行思考、自行尋求解決對策的能力也很高，獨力完成工作的能力也十分傑出，或許他們確實總是把工作攬在身上，不擅長和各種領域的人合作及尋求周遭協助。雖然這個世代的主管有些固執己見，但他們高度的自我負責、專業意識，正是我們該學習的態度。

雖然把同一個世代一概而論，確實容易以偏概全，**但是觀察每個世代的弱點之際，反而也能發現每個世代具有的長處**。可以說每一個世代的不同經驗影響了他們的想法及行為，同時也造就了多樣形形色色的人才。

近二十年的企業環境、就業環境的變化，產生了形形色色價值觀的變化，我認為這造成了世代之間極大的落差。不過，只要去理解我前面說明的主管成長背景，相信你也可以從另一個角度去看他們。認為從他們身上學不到東西、無法信任、和無法瞭解的他們在心靈上拉出一條線，將自己與他們拉開距離，對你的成長或是想藉周圍的力量完成工作，或許是一個極大的損失，希望你再次試著多去瞭解主管。

chapter

# 3

# 希望被賞識，一定要懂得「表現的技術」

# 主管眼中的你，是個什麼樣的人？

讀完上一章，你是否更瞭解主管了？主管或許有很多在你看來失格的言行舉止，不過，只要能夠理解他們的價值觀，同時思考他們來自什麼樣的背景，就能理解這些言行舉止背後的意圖。

## 缺少溝通，職場代溝愈來愈深

無法理解對方，或是互不信任，都是因為不清楚對方行為舉止背後的意圖。為什麼會說那些話，為什麼會採取那樣的行動？因為無法瞭解，所以你會認為遭到攻擊或否定，「誤解」就是這麼產生的。

過去為了避免產生這樣的誤解，主管和部屬之間經常溝通。尤其工作結束後，一面小酌幾杯，一面聽主管談論許多話題。年輕時的經驗談、遭遇的挫折、受到斥責、克服困難、堅持而不氣餒的經驗……，透過這些分享，就能瞭解主管在什麼時候發揮了什麼樣的力量；主管在工作時重視什麼樣的原則，以及價值觀、思考和想法……等等。

平時疾言厲色的主管，若是真的有突發狀況，也會站在部屬這邊；或是看起來個性散漫，但實際上非常認真努力。透過這些經驗分享，能夠得知主管另一面的優點，就算你曾懷疑過主管是否合格，進一步瞭解後，就會覺得主管也有值得學習之處，或是值得信任。

然而，現在卻失去了聆聽這些談話的機會，看不到主管真實的一面，只能以眼前發生的事實來判斷主管的性格，**相對的，主管或許也無法看到你真實的一面**，只看到你表面上的言行舉止，「沒有活力」、「不積極」、「欠缺合作精神」等，只看到缺點，對你產生誤解。

因為缺乏溝通，主管和部屬互不瞭解，而只要有一點誤會，就愈來愈無法真正理解對方，主管對你的誤解成形，無法扭轉。

為了和主管建立良好的關係，難道你不希望主管能夠瞭解真正的你嗎？你應該思考：「我究竟是一個什麼樣的人」和「希望主管看到什麼樣的我」。為了打破彼此誤解的現狀，除了讓對方瞭解你，你也必須先更瞭解自己。

在你說明自己是什麼樣的一個人以前，我想先讓你知道主管對於年輕一代上班族（二十～三十五歲）常有的想法是什麼。或許從你的角度看，你並不這麼認為，或是認為主管的看法錯誤，而感到失望、生氣，不過我還是先把一般主管對於年輕世代的觀點，具體整理如下。

## ❶被動、消極，不懂舉一反三

現在的年輕人，對於決議事項的執行度很高，能夠迅速掌握工作要領。資訊科技運用能力很強、英語流利的人也很多，就技術或能力來說，遠比主管年輕時強得多。所以就算一進公司就指派負責某個工作，也能完成到某個程度。

然而，他們只做被指派的工作、例行工作及眼前的工作，缺乏主動思考如何讓工作更快速、順利完成的精神。在工作時，他們抱著一種事不關己的態度，不會主動去做例行公事以外的工作。被指正時雖然能夠坦率地接受，但就是只做上頭交辦下來的工作。雖然覺得他們很服從、認真，但是從未表示他們的想法或意見。

**交辦工作完成後，不會思考接下來該做什麼，而是一一詢問「接下來我該做什麼」**。我希望他們應該可以自行判斷，自行著手下一個工作，他們卻總是表現出「我應該做什麼」、「請給我下一個指示」的態度。

就算徵詢意見也默不作聲，搞不清楚他們究竟在想什麼，還是根本什麼也沒想，或是根本就不瞭解。完全搞不懂現在的年輕人，根本摸不著頭緒。

年輕上班族經常受到主管批評的第一項是「被動、消極，不懂舉一反三」，以及「不表示意見」。這是從前主管就常對年輕職員感到的不滿，所以這個狀況不是現在才發生的，只不過最近「**部屬太被動，完全不會主動思考**」、「**不瞭解部屬的反應**」、「**搞不懂他們究竟在想什麼**」的主管聲浪愈來愈大。

## ❷工作效率高，但只想趕快做完了事

只要交派以前沒做過的工作，立刻就問「怎麼做」，希望主管給答案。因為根本沒有標準答案和規範，所以一對部屬說「自己想想看」，他們就露出不安的表情，一副手足無措的模樣，看到這種表情，連我也開始覺得擔心。

有時候交代他們做和之前不同的工作時，就不停追問：「為什麼要做這個？為什麼一定要我做？」

在目的或意圖不明確的情況下進行工作確實並非好事，不過，**「先做再說」和「做中學習」的精神付諸闕如**。一旦開始做，就能發現這件工作的意義及重要性，靠自己切身感受的經驗也很重要。但是，只要沒有先說明工作的意義及重要性，就不願意採取行動，讓我忍不住懷疑，現在的年輕人是不是根本光說不練？

另外，無論大小事都要以最有效率的方式進行。一開始就先決定每個工作的優先順位，**一旦覺得是浪費時間、可能沒有效果的工作，就完全不碰**。例如第一次接觸顧客時感覺不到可能性，就絕對不會再接觸。他們認為，聯絡好幾次顧客卻做不到生意的話，不如一開始就放棄，重新尋找有可能成交的顧客比較有效率。

蒐集資料也是相同的情況，在網路上搜尋前幾名的資訊加以整合，快速地加以彙整。就速度來說的確很快，若只要求精華內容或許這麼做就夠了。但是，他們卻不會試著去蒐集更廣泛的資料、確認這些訊息是否確實，或是提出自己的假設、進一步確認等等，沒有想過要深入思考。

要是遇到困難的工作停滯不前，**也不會思考有無其他做法，或是先試著改變做法**。有許多年輕人甚至認為之前的做法行不通，就表示這項工作很困難，不做也無所謂，乾脆放棄。

---

對於年輕世代的部屬，來自主管的第二個批評就是：「雖然主動，但不願意從錯誤中學習，希望馬上得到標準答案，只想快速並正確地把事情做好。」

希望所有工作都能快速、有成果，年輕的上班族自行區分優先順位，想要以更俐落的方式完成工作的心情，我很瞭解。不過，**若是只做「一定會成功」的工作，無法提高你自行思考、獨力解決難題的能力**。

話雖這麼說，也常聽到主管表示，有時候確實不得不優先追求工作速度及效率，無法給予年輕的部屬更充裕的思考時間，雖然認為這麼下去無法栽培部屬，卻又不知該如何是好。

## ❸本位主義至上，忽略團隊成員

下班時間一到，就算工作沒做完，照樣下班回家。即使看到主管或同事似乎很忙碌，不知道是認為和自己無關，還是認為下班準時回家是自己的權利，一下班就不見人影。

工作上發生什麼問題，看到其他同事全都拚命地補救，也不會主動幫忙。就算要求他協助，也只會回答「我現在很忙」，無心協助同事。

想找他好好談一談，邀他去喝一杯，卻得到「我不會喝酒」的回答，立刻拒絕；邀他一起吃頓飯，他竟然說：「這是工作的一部分嗎？那麼我可以報加班費吧。」讓邀請他的主管啞口無言。

**對於其他同事毫不在意，認為只需做好分內工作就好。不顧慮周遭狀況，拒絕和周遭的人建立良好的互動關係。**

公私非常分明，認為只要做自己的工作就好。除了分內工作之外，其他一概不管，也不要旁人插手他的工作，和同事壁壘分明。

第三個來自主管的批評是年輕部屬們太過我行我素，和周圍形成一道無形的牆。一開始就擺出「井水不犯河水」的態度，只做好份內工作，認為其他事情都與自己無關的人愈來愈多。

年輕職員在公司留到最後是理所當然，主管或前輩邀請絕對不可能拒絕。抱著這種想法的主管或前輩，看到一下班就直接回家、拒絕飯局或酒席的年輕一代，難免覺得不悅，「搞什麼？這麼做不對吧？」

新人這些行為，被認為是對工作欠缺責任感，不顧慮也不協助旁人。有些人則認為這樣的人有心防，無法和旁人建立良好關係，也不瞭解為什麼要採取這些行動，欠缺與其他同事之間的協調性。

## ❹缺乏自省能力和虛心學習的心態

「我有我的想法和做法，希望不要給我多餘的意見。我認真做該做的工作，在能力範圍內盡力而為，別人無法給予肯定真的很奇怪……他們不懂得欣賞，也不知道怎麼利用我的長才，是他們的問題。」

---

對任何事都只想到「我、我、我」，防衛心重、對任何人都築起一道牆的年輕人也很多，不僅如此，甚至還攻擊旁人。

「有些人才應該被檢討吧？那個資深員工A，工作能力不佳，又沒有企圖心，繼續放任他下去真的好嗎？對這種資深員工完全沒有批評，卻對我這麼嚴格，我明明就比較認真工作。」

「缺乏內省能力，也不懂得虛心學習。」這是來自主管對年輕部屬的第四項批評，不過，最近這項批評稍微減少了一些。

當主管或前輩給他建議時，雖然當下回答「我知道了」，行事作風還是依然故我，如果再進一步要求他改變，則拒絕他人干涉，「我不會有問題」、「我有我的做法」。**要是再進一步給予建議，年輕部屬就反彈，認為自己的做法不被認同，覺得遭到否定，表現出不耐煩或抗拒。**

年輕時有自己的做法、全心去做自己，絕不是一件壞事。不過，**若是過度固執於自**

**己的做法，就會被認為是缺乏彈性，無法向周圍的人學習，自我意識膨脹、難以相處的人**，和周圍的關係將愈來愈不佳。

有時自我防禦，有時攻擊旁人，而且十分極端，強烈要求對方接受自己的處世方法。這樣的心態將和周遭的人之間形成一道牆，只會更加容易焦慮。很多主管對於如何和這樣的年輕職員相處，感到手足無措。

## ❺挫折容忍力低，無法嚴以律己

只要口氣稍微嚴厲一點，年輕的部屬就覺得自己完全被否定，認為自己一無是處，信心全失。

稍微嚴格地提點，他們就很明顯地露出沮喪的樣子，實在不知道怎麼協助他。

**只要被指正就心情不好的話，我也不知道該怎麼帶他、教他，而且，我實在不覺得自己口氣很兇啊……。**

---

主管對年輕部屬的第五項批評是「受挫力低」，只要稍微嚴詞厲色，就覺得很受

傷，沮喪消沉，對這樣的部屬完全無法斥責、嚴厲的批評。

不表示自己的意見、凡事以效率為優先、缺乏先做再說的精神、固執於自己的做法，缺乏虛心向旁人學習的態度……**主管看到這種情況，想要和部屬好好地談一談，但是卻讓部屬十分沮喪**，是不是不要太過疾言厲色比較好呢？我常聽到主管對於如何指正部屬感到煩惱。

也常聽到一些主管反應，只是稍微提醒一下年輕的部屬，對方卻說：「**課長對我好兇……是不是討厭我？**」導致主管當下不知該如何回應。

更極端的個案是部屬隔天就曠職，或是因此對上班有心理障礙，罹患憂鬱症等等；實際上也真的有因為主管一句話而辭職的年輕人。現在這樣的人雖然比較少了，但是也發生過部屬的父母跑到公司質問主管「究竟怎麼回事」的案例。

另外，也有年輕部屬到人事部門投訴：「主管對我的批評不當」、「主管和我合不來」，或是直接寄電子郵件給社長投訴等。

這麼一來，主管確實會不知道如何應對，愈來愈不敢嚴格管教或責備部屬，對於「如何帶人」感到遲疑、裹足不前的主管愈來愈多。

從主管的角度來看，他們也同樣不瞭解部屬的狀況，也很煩惱如何與部屬相處。如果無法傳達自己的想法，或是部屬沒有回應，就無法彼此瞭解。就算主管想要打破現況時，部屬卻認為是在針對自己，因而感到沮喪、受傷，漸漸地，**主管對部屬變得小心翼翼，想說的話也說不出口**——這是目前主管所面臨的困境。

# 貧富差和激烈競爭環境下的「草莓族」

現代年輕人給大家的印象，就是自我中心、講不得、挫折容忍度低，為什麼普羅大眾認為這樣的年輕人正在增加呢？坊間出版許多有關現代年輕人論述的書籍，其中多數主題都在批評年輕人是「草莓族」，然而，這個想法是正確的嗎？

## 公司企業開始注重員工的異質性

進入二〇〇〇年之後，企業狀況好轉，以資訊科技新興企業為核心，也出現大幅躍進的企業。然而好景不常，二〇〇二年資訊科技泡沫景氣崩壞，新興企業人氣急遽滑落。因此，新興企業普遍被認為具有高風險，回歸大企業，尋求工作穩定的意願增加。

就業情況也產生極大的變化，手機、電腦普及化，高中生、大學生就人手一台的情況變得理所當然，彼此分享蒐集資訊的現象更是司空見慣。

求職方式也有了極大的變革，每個人可以同時應徵多家企業，一次登錄五十家，甚至多達一百家都不是問題，能夠同時期接受多家企業的招考，但未必都能順利被錄取，有些人能同時得到多家企業的offer，有些人則未必。

資訊量大且更新快速，不論是履歷表的寫法、面試如何回答，大小事情的標準解答都能立刻手到擒來，因此人人都能說出大同小異的模範解答，久而久之，企業方面也不再採信這些千篇一律的面試答案。各家公司的提問，逐漸轉為求職者對自己有多誠實、是否有自己的主張、是否自動自發，**也就是開始重視每個人的經驗及思考的品質。**

## 貧富懸殊，出現「努力不會有回報」的思維

起初，求職的年輕人們可能彼此會分享「某公司面試時會問這個問題，要注意喔」等等內容，希望透過事前的準備，努力想通過面試。然而，當一再接到未錄取通知時，自然無法提供能錄取的有用面試資訊，慢慢脫離這類有用資訊交換的年輕人圈子，或是認為被這個圈子排擠，開始喪失自信。

不斷累積未錄取的經驗後，覺得無容身之處，焦慮地幾近崩潰；好不容易找到工作

的人，進了公司以後，則開始擔心在公司無法被接納，因此小心翼翼地避免被排擠，或是因此產生防備心的人，在現今的公司組織中都已司空見慣。

畢業後經濟仍無法獨立自主，不想工作，足不出戶在家靠父母的繭居族、啃老族，以及乾脆放棄正職工作，以打工為生的打工族不斷增加，這些都成為現代社會必須重視的問題。

反正日子過得去就好，吃得飽、薪水不高也能隨便湊和。反正不想買車，也不想要高價的名牌物品，沒有必要在這些東西上面浪費錢，去百圓商店什麼都買得到，現在的時代已經轉變為人人在微薄的收入之下發現生存之道。

然而，這更加擴大現代社會貧富差距的問題。如同就業冰河期世代的人，成為打工族，斷絕正職員工雇用管道一般，年收入二、三十萬，雖然能夠設法生活下去，但對於未來不抱希望的人陸續增加當中。結不了婚，也不生小孩，覺得就這麼一個人生活下去也好的人不斷增加，我們現在所處的就是這樣一個社會。

二〇〇四年山田昌弘的《期望落差社會》一書內容提到，**就業、結婚、收入、生活的「勝利組」和「失敗組」涇渭分明，其中「努力卻得不到回報」以致失去希望的人愈**

**來愈多**。對於將來滿懷希望，以及對於將來陷入絕望的人之間產生一道難以跨越的鴻溝，形成「期望落差的社會」。

對異性追求興趣不高的「草食男」大增，被批評對戀愛不主動，也不願積極接近異性。不僅在生活及金錢上，對於異性及結婚的欲望也很淡薄，缺乏物欲，沒有國外旅行經驗，也沒想過借錢去留學，對於人生抱著積極挑戰精神的年輕人逐漸減少。

## 已讀未回，讓你感到不安嗎？

市面上也有許多書籍批評手機文化帶來的負面影響，現在的年輕人從高中或大學就擁有手機是理所當然的。上課時傳送簡訊，和朋友以簡訊交談的經驗，想必你也有過。常見的批判則是，現代人沒有時時和他人維持聯繫，就會感到不安。

寄出簡訊而對方沒回，就開始擔心，是不是害對方不高興，是不是對方有什麼誤會了？**對周遭的人過度敏感，不是關懷別人，而是對他人小心翼翼，有話不敢直言的人也變多了。**

另一個負面的影響則是交友觀念的改變。當你問現在的年輕人「有多少朋友」，他們的回答往往是兩百人、五百人，甚至多達幾千人。交換e-mail、在臉書或其他社群網站上認識的人，都歸類為「朋友」，即使並不熟悉、沒有聯繫的人也列在朋友名單中。

但是，一問到**「有沒有能夠無所不談、直言自己的缺點、放心傾吐難言煩惱的友人？」**絕大多數的人卻表示，沒有這樣的朋友。有些人擔心，把難言的煩惱告訴朋友後，怕被對方認為自己沒用，所以認為不能隨意訴說苦惱或找朋友商量。

## 現在的年輕人缺乏競爭力，是太好命了嗎？

現今的教育重視個人的發展，強調不要和其他人比較，發現孩子獨有的天賦和優點，尊重每個人獨特的性格，讓孩子做自己。

然而，卻有另一股聲音對這種方式提出批判，認為這種教育之下長大的年輕人，反而在進入社會後，無法面對在找工作時遇到的挫折，開始上班後，乍然受到主管嚴厲的批評，或是工作上無法獲得成果，便感到痛苦而受挫。

因此，不和他人比較、沒有競爭、受到呵護重視，成長過程中周遭的人一直強調做自己就好，反而是養成許多年輕人難以克服逆境及通過考驗的最大主因。

不過，我反倒認為年輕人早就在學生時代中吃足苦頭；**社團活動時沒有突出的成果或成績，沒有受到認可；或是為了朋友關係而煩惱，面對種種不同考驗。從好壞參半的經歷中體驗到極大的成功經驗，因而擁有自信的人，想必也不少。**從這些人的角度來看，他們並不會認為自己沒有競爭心態或是經不起挫折。

# 年輕就是本錢，請展現優勢

在不同世代成長的人，心理一定會受到當代背景的影響。尤其是現在的年輕世代，在注重個人特質的教育氛圍之下，可說少了很多來自團體的壓抑，更能從容的思考，並具有行動力。

另一方面，隨著貧富差距的擴大，不再期待「一分耕耘一分收穫」，在就業活動中必須面對現實的殘酷。因此，有更多人必須面對是否被社會需要，或是找不到立足之地的不安；當總算順利就職時，當然希望能夠受到肯定，在公司努力展現實力。

然而進入公司後，才發現主管和前輩都為了自身的工作忙得焦頭爛額，無法得到應有的關照，擔心自己在公司的評價不佳，或是工作能力受到質疑，這樣的職場新人應該不少。

## 大方展現你的三大獨特優勢

有這種煩惱的年輕人，我的首要建議是先把眼前的工作做好並展現成果，這麼一來，主管也會肯定你的能力。不過，若是抱著希望受到肯定的想法拚命努力，最後卻未能得到認同，會感到煩躁或沮喪也是理所當然。

不知不覺中，你開始對周遭產生不滿，或是太急於表現，當怎麼做都得不到認可時，乾脆就埋頭做自己的工作，拒絕建立職場上的人際關係，雖然也想參加聚會，但是一想到聚餐時可能會受到批評，或是得聽主管或前輩說教，乾脆就不出席了；公私生活截然分明，在工作之外找尋自己的生活意義，年輕的上班族會如此選擇也不是沒有道理。

你覺得和學生時期的朋友最談得來，和過去的同學閒聊，比和主管或公司前輩談話更輕鬆、愉快。但是這種想法，會讓你和公司同事的距離愈來愈遠，不知不覺中，為了避免在工作上被他人否定，你反而在身邊築起一道牆，拒人於千里之外；與此同時，**主管、前輩和同事摸不清你，你也不瞭解其他人的心情、想法**，讓自己陷入孤立的狀態。

抱怨部屬「沒有活力」、「唯唯諾諾」、「搞不懂在想什麼」，卻毫無作為，我認為這確實不是主管該有的態度；同樣的，因為覺得沒有立足之地感到不安，所以自我封閉，築起防衛的牆，這樣的部屬心態同樣也不應該。

最糟的情況就是互相批評，看不到對方的優點，也無法展現自己的長處。你所處的世代，一定擁有其他世代缺乏的獨特力量和優勢，而現在二、三十世代的你，其實擁有以下三種獨特的力量。

## ❶追根究底的「提問力」

年輕世代想做「有意義的事」，依據這種坦白的想法而產生的「追根究底的提問力」。從主管的角度來看，每一次分派工作，就立刻被問「為什麼要這樣做」、「有什麼意義嗎」，這樣的部屬缺乏「重要的事，先做再說」的柔軟性。

不過，就年輕人的角度來看，詢問工作的意義是理所當然的，他們身處一個耕耘未必有收穫的社會，在成長的歷程中，始終都在思考「如何活得像自己」。

很多人從學生時代開始，就開始思考社會的組成結構，對於社會議題有所接觸，透過網路得知，許多國家仍為貧困及戰爭所苦；在這樣的時代氛圍中，在做一件工作時，當然會想知道「（這樣做）有什麼意義？」。在努力卻不一定有回報的世界，沒有人希望自己所做的努力最後徒勞無功。

年輕世代中，有不少人抱持著應該對社會有所貢獻的想法，有別於資本主義中必須一邊競爭一邊求生存，年輕世代更傾向於融入社會。

學生時期就開始當義工，實際接觸社會真實面，在日本三一一大地震時，許多大學生到當地從事志工活動，想要盡一己之力，希望能夠為災區重振而努力，他們都是富有體貼、善良心意的年輕人。

不希望所做的事徒勞無功，或是正因處在這樣的時代中，想要做有意義的事，思考所做的事有什麼意義與價值，我認為這樣的態度很重要，雖然有時會因為考慮太多以致佇足不前，認為徒勞無功所以沒有動力。但是，**希望自己能做有意義、有價值的事，這種態度將成為把社會導向正確方向的能量**。這股追根究底的力量，將會改變今後的組織與社會，成為一股龐大的原動力。

## ❷串起不同團隊的「群眾力」

手機與網路的普及，使得個人和不同群體之間聯結的可能性大增。你所屬的世代，是不是無法抗拒使用這些工具來擴展自己的網路社群呢？

在網路上認識朋友、交換電子郵件、在臉書上「加入好友」……，透過這些方式認識形形色色的人，與對方交談，進而擴大交友圈，這是其他世代難以做到的事，從前要認識朋友、加深友誼和頻繁互動，並非易事，要維持彼此的來往也不容易。

從前社群網路沒這麼發達時，大家的想法就是：既然認識了，就要花時間瞭解對方，並花心思以維持彼此的連繫，因此一開始就先區分想來往及不想來往的對象，以自己的標準加以篩選，這是以前的交友態度。

以現在社群網路的方便程度，很容易認識形色色的人，有些甚至是在一般情況下不可能認識的朋友。不拒絕任何可能性，是現在年輕人的優點。

的確，若是一一探究這些動輒上百人的朋友關係，很多朋友可能只是單純的點頭之交。不過，**當你有煩惱，或是希望能夠集合眾人之力完成某件事的時候，能夠立刻號召**

**眾人，這是一件了不起的事。**

運用網路集結發聲，可以號召數十人、數百人，甚至數千人的活動，善用這樣的力量，我認為一定可以成為驅策社會的動能。

## ❸體貼他人的「關懷力」

手機與網路普及的同時，人們能夠更輕易地傳達自己的感情，打造一個相互交流的社會。有些當面難以說出口的事情，利用手機或網路，也能輕易用訊息傳達，向他人傾訴自己的想法，而對方也能立刻用按讚或留言表示認同。

有許多主管或前輩無法理解年輕職員的想法，認為年輕人沒有表現出感情，是不是他們內心冷漠？的確，當面談話時，不擅長表現情感的人或許很多，但我不認為他們的內心沒有正面的情感。很多人其實抱著感謝、認同、體貼他人等正面情感，只不過直接面對面時無法表現出來而已。

我認為會變成這個狀況的原因，是因為年輕世代在成長過程中，擔心受到周遭排擠，自然就會小心翼翼，對其他人的反應更加敏感，深怕一不小心就為他人帶來困擾。

雖然初衷是「害怕遭到排擠」，但換個觀點思考，**這種不想讓他人困擾的心情，正是一種體貼**，若能稍微大膽一點、勇於表現，被主管認為「搞不懂想法」的年輕人，其實也能表現出體貼、善良、熱誠的積極面。

我經常在電車裡看到年輕人的面前站著老年人或孕婦，他們雖然低下頭，目光沒有與對方接觸，卻迅速站起來讓座，我深切地感受到，現在的年輕人們雖然拙於表現情感，卻擁有一顆體貼他人的心。

從這些行為舉止中，勇敢表現自己內心的正面情感，在職場上，也可以用實際的行為關心、體貼同事，帶給周遭的人溫暖。若是太過在意他人對你的評價和看法，而不敢輕易表現自己良善積極的一面，這樣就太可惜了。

## 三大力量，是創造未來的原動力

「追根究底的提問力」、「串起不同團隊的群眾力」、「體貼他人的關懷力」，這三項力量，我認為是能把今後的全球化社會，轉變成更豐富、改變得更好的原動力。

清楚瞭解環境、糧食、核能議題，以及在世界各地持續的紛爭、歧視、貧富差距擴大等社會問題，瞭解面臨這些問題者的心情，進而就社會全體幸福的觀點，找出其中的意義是非常重要的。

要解決這些問題，必須跨越國界，和有同樣想法的人接觸討論，與更多人對話，打造出更佳的感情聯繫。

我認為無論在哪個時代的人，都會負有某種社會的使命感。**上一代所處的泡沫世代，負有再次讓活力重返社會的使命感；而現在年輕人所處的世代，或許負有跨越彼此的界限，並讓人人都能相互聯結的使命。**

要是能夠抱著這樣的想法，應該就能在目前的工作崗位、職場發現自己能做到的事。打破在職場中的某道藩籬，讓同事們關懷體貼彼此，更自然地發揮你擁有的力量。

當然，或許你認為自己並不具備上述的三種力量，但是當你回顧自身的經驗，思考其中的價值、意義和各種可能性，感覺到自然地擴展與他人之間的聯繫時，或許你早就具有這些力量而不自知。

chapter

# 4

# 前輩沒教，但你一定要懂的職場處世祕訣

# 三種心態，導致工作不快樂

再次審視自己身處公司組織中的心態。或許你正因為主管不瞭解你、不關心你而感到焦慮，對於工作或公司，開始有點應付了事。或許你對周圍的人太過小心翼翼，因為怕別人覺得自己能力不足，所以卑躬屈膝，封閉自我，藏身在小小的個人世界中；或許你對主管或沒有能力的同事有所怨言，同時也對於老是帶著負面情緒的自己感到厭惡。

確實現代社會中有許多職場，並不是培養年輕世代茁壯成長的環境。許多上班族苦於工作上不知如何發揮，和同事間的關係也不好，以致在職場中十分辛苦。

但是，**讓自己生活在不安中、自我封閉，或是整天充滿怨言批判，只會更加逃不出負面的循環**。重要的是要懂得靈活變通，千萬別認定某個想法後，就不再學習旁人的智慧、一味認定某個答案或作法才是對的。

想在職場上游刃有餘，當一位成功的社會人士，**你得先思考希望透過工作獲得什**

**麼？如何成長？**我看到許多年輕上班族在職場上把自己逼到絕境，不僅無法被周圍的人接納，也失去自己立足點。

壓力過大，精神上無法承受如此強大的負荷，使得身心俱疲，或是相反的，為了避免自己產生這種狀況，將主管和同事都視為敵人，防備所有人；對於自己無法認同的事煩躁不安，太過追求、宣揚自己的表現，或是我行我素，讓同事們感到不知所措；無法在工作中發現意義與價值，屢屢敷衍了事，直到出現大錯等等。為什麼會讓自己工作得這麼辛苦？以下是三種上班族要注意的錯誤心態。

## ❶凡事負面思考，過度解讀

主管或同事的指教叮嚀，一定要確實聽進去。然而，若是每一句話過度解讀，任何事都往負面方向思考，情況又不同了。**對方並不完全瞭解你的狀況，所以不經意說的一句話，有時在你聽來會覺得是批評、諷刺**。

現在多數的職場只是不瞭解對方的狀況，不知道對方在想什麼而已。因此，就算是主管不經意的對你說了一句話，也很容易產生誤解。

但是你卻把主管不經意的一句話，牢牢地記在心裡，猜測主管的想法，並且充滿了對主管的不信任。如果這樣的狀況不斷反覆發生，就會對一切疑神疑鬼，不再信任周圍的人。**正因為不瞭解彼此的狀況，所以必須互相關切溝通**。就算是拜託對方一點小事，應該先問一聲「現在方便嗎」，再要求對方協助。

然而，主管或前輩常以強硬的口吻，突然就問：「那件事處理得怎麼樣了？」這或許會讓人覺得他對自己懷著怒氣。我希望你不要想太多，即使你想揣測對方真正的想法，也不可能得知真相，往不好的方向思考，只會更痛苦。

## ❷總是以自己的標準衡量他人

第二種心態就是，總是以自己的標準和尺度去要求、衡量他人。這種人通常具備一定的常識而堅持己見，不瞭解對方為什麼不按牌理出牌？凡事以自己的價值觀、主張作比較，衡量對方，一旦事情不如預期順利進行就煩躁不安。

就主管的角度來看，「年輕人就該充滿朝氣地打招呼」、「抱怨主管的指示簡直豈有此理」、「邀請部屬喝酒，部屬參加是應有的禮貌」。他們把曾經接受的管教當作基本常識。然而，部屬卻毫不在意地違反這些基本常識，讓他們百思不解。

從部屬的角度來看，也會同樣感到不可思議。「既然是主管，就應該仔細地教導」、「工作本來就應該更快速更有效率」、「公私分明，擁有個人的私生活是當然的權利」……當這些想法愈來愈強烈時，相較之下就會覺得「主管的想法錯了，真是老古板」，無法接受主管所說的話。

什麼叫常識？就是普遍認為某個觀念正確，這麼做比較好，就稱作常識。**每個世代都有從自身經驗中學到的常識，然而這些所謂的常識，都是單方面的想法**，往往都是一些在不同世界無法通用的常識。因此，不應該受到常識過度的侷限。社會趨勢愈是走向必須和多數人有所關聯，就愈不應該被常識、或說是內心的既定成見束縛住。

如果不能抱著這樣的態度，就只能活在自己的常識才能通用的狹小世界，只能和價值觀相同的人來往，這麼一來，你安身立命的場所將愈來愈狹窄。

## ❸遭受一次挫折，就一蹶不振

第三項共通點，就是無法重新振作，難以東山再起。受到旁人否定，遭遇極大的失敗，誰都難免有這種經驗。遇到這種情況，有時會認為自己完蛋了，因而喪失自信。但是能夠東山再起的人，往往有一套讓自己重新振作的方式。

諸事不順的日子，喝點小酒，在浴缸裡悠哉地泡個澡，然後早早上床睡覺。即使當天再怎麼沮喪，也勸慰自己隔天早上起床就能重新開始。或是和能夠信任的友人聯絡，向他傾訴自己的心聲……。**運用什麼樣的方式都無所謂，總之避免把自己逼上牛角尖，設法讓心情冷靜，不要一徑往不好的方向，具有讓自己重新振作的技巧十分重要。**

然而，很多人卻不具有這樣的技巧，因此一旦失敗了，就認為自己沒用，覺得繼續待在這裡也不會受到認同，認為自己喪失了立足點，不斷地往負面方向思考。結果沒有人注意到你頹喪的心態，也不會找你攀談，更無法阻止這種負面想法，無法重新振作，最後滿腦子只想著逃避現在的處境。

過去的時代，當犯了較大的疏失，或是發生什麼不順利的事情時，前輩或周圍的同事會給予關懷，邀約下班後去喝兩杯，在閒話家常之際，得知前輩也曾遭遇類似的經驗而克服了難關。因此而瞭解自己的弱點，進一步找到能夠繼續努力的方法。

然而現在卻欠缺可以分享這些經驗、或有人指導你的場合。而且當你覺得困擾時，也沒有一個能夠讓你對他敞開內心、放下防備並完全交付信任的朋友。這麼一來，你將難以阻止自己掉進負面循環。

**思考自己想成為什麼樣的人之前，先想想看你是不是太過鑽牛角尖？當你陷入絕境時，是否深陷其中再也無法自拔？**如果只是抱怨這一切都是主管的錯、公司的錯，只想逃避現實的結果，到頭來就是在周圍築起一道牆，使得自己失去立足之地。

現在是人人都被迫必須努力衝刺的時代，所以請試著思考：瞭解對方，彼此尊重不同的價值觀及想法，是當前最迫切的一件事。

# 五個特質，突破工作瓶頸

接下來希望你思考，繼續維持現狀下去的話，你能夠成長嗎？當內心開始感到和主管處得不愉快，感覺在公司找不到立足之地時，無法再面對工作，完全失去幹勁，形成一個無法成長，只是原地踏步的自己。要是你現在正置身於這樣的處境，重要的是如何懸崖勒馬。

成長究竟是怎麼回事呢？回想小孩子的成長：開始能夠翻身、學會怎麼爬、不久後開始能夠站起來、接著靠自己的力量學會走路；學會使用湯匙或叉子吃飯、開始牙牙學語、與人溝通，在不斷重複失敗的過程中，驀然回首，孩子已經學會了昨天還做不到的事情。在不斷重複「知而後行」的過程中，學會了許多能力，這就是成長的過程。

對於任何事都充滿好奇，感到有趣想要嘗試，熱衷於一些小小的事物，從其中感受到喜悅，覺得有趣而著迷其中，有疑問就立刻請教父母或老師，對於新奇的事物能夠毫不猶豫地挑戰。這樣的孩子，不就能吸收各種事物，不斷地成長茁壯嗎？

在企業中不斷成長的人，基本上也是一樣。當我採訪在公司的高效率員工後，發現他們都具有以下共同特質。

## ❶持續保有旺盛的好奇心

首先，多數在職場上有所成長的人，都保有旺盛的好奇心。

他們對許多事物抱持關心、在意的態度，一旦感到在意，就會進一步調查想要瞭解，或請教別人，瞭解那些他們原本不懂的事情，他們知道「從不懂到懂」、「從不會到會」的喜悅，只要感興趣，就會一頭栽進去。這樣的人和周圍的人相較之下，能夠有極大的成長。

**學習的原點在於好奇心，對於任何事都提不起勁，認為和自己無關的人，一定是把自己的「率真」遺忘在什麼地方了。**至少，你從嬰兒時期到童年期的過程中，一定曾問過無數次的「這是什麼」、「為什麼」，你一定曾有過想去瞭解形形色色事物的時期，誰都曾經有過關心某件事物並樂在其中的經驗。

然而，隨著長大成人，卻開始擔心被人質疑「怎麼連這個也不知道」，因此開始對其他事物漠不關心。不過，能夠在工作中成長的人，他們持續保有這樣的心情，好奇心是成長的基礎，重要的力量。

## ❷對人、事、物，抱持謙虛學習的態度

第二，在職場上不斷成長的人，總是保有謙虛學習的態度。想向他人學習的意識十分強烈，因而態度謙虛。他們由衷地認為世上有許多人比自己知識豐富、傑出能幹，真心覺得人外有人、天外有天。

而且，不光是比自己年長或居上位的人，即使從同事或後進身上也有許多值得學習的事物。若是驕傲自大，自以為了不起，就無法從他人身上學習，自己並沒有什麼了不起，所以一定要謙虛才會有成長。很多人因為受到主管或前輩教導，認識比自己傑出的人，所以能夠保有這樣的想法。

過去我到韓國三星電子時，最令我感到驚訝的是每一個我所遇到的人，都以謙虛的態度竭盡所能地學習。

一九九三年，三星的經營宣言是「除了妻兒，一切都要變」。現在的三星雖然已經成為代表韓國的世界一流品牌，但當時在國際間仍是三流品牌。雖然他們強調品質，卻未得到國際間的肯定，因而打算徹底改造。

為了製造出一流的商品及服務，首先需要打造一流的員工。**所謂的一流人才，就是能創新、具國際觀、勇於學習的社會人士**。為了打造這樣的人才，必須進行教育投資，將培育人才視作競爭力的泉源。徹底建立價值觀、知識及技術，以及國際經驗的架構。

除了公司紮實的教育訓練體系，更令人佩服的是徹底學習的態度。向其他企業學習、從暢銷商品及技術革新商品學習、從最先進研究者身上學習、到海外向當地人學習、為了提升自我能力自行鑽研……這種學習態度，從公司到個人，都執行得極為徹底。

透過這樣的方式，三星學習到許多技術及市場經驗，成長為一家能夠依據當地需求，結合適當的技術，快速開發商品及服務。我認為三星的原動力，就是謙虛的學習態度。**他們渴望學習的企圖極為強烈，超越了不同立場，成為能夠向前邁進的動力**。

能成長的人，對待他人謙虛，所以想要向他人學習的動機也十分強烈。雖然這個道理聽起來理所當然，但三星讓我看到了徹底執行這點的重要性。

## ❸目標明確地採取行動

第三，藉由工作有所成長的人，能夠目標明確地採取行動。**什麼也不想，一個口令一個動作的人，最後便無法自主思考**。思考究竟是為了什麼而做；什麼該做什麼不該做，能夠目標明確一一採取行動的人，就算最後的結果不順利，至少能夠進一步思考為什麼不順利？是不是做法哪裡出錯？因為目的明確，知道終點在哪裡，所以不僅是做出成果就好，他們能夠一邊思考達到成果的必備條件，一邊著手進行工作。

是否抱著清楚的目標而採取行動，對於成果的展現有很大的影響。如果只是因為市場環境良好，或是因為前任的努力而產生的成果，即使一時可能有良好的表現，但只要外在狀況發生變化，就無法保證做出同樣的成果。

不過，經過自己思考，工作目標明確的人，和漫無目標行動的人不同，他們能夠說清楚每一個步驟是為了什麼目的而做。換句話說，**因為經過思考，從錯誤中學習，所以當同樣的狀況發生，就能夠想像出該怎麼做才對**。這麼一來，就能依照不同的狀況修正，找到更好的方式。以這樣的方式進行工作的人，就能從內在建立臨機應變的錦囊妙方，一旦狀況發生變化，能夠打開錦囊解決問題。

事實上，訪問那些在組織中工作有幹勁的人，以及工作績效良好的人，他們都能一一清楚說明每一項行為背後明確的原因。他們會說「配合對方的狀況而試著修正做法」、「因為我認為這麼做更加精確」等，**先進行假設而後採取行動**。

能有所成長的人，透過這樣的自問自答，思考各種不同選擇，然後再從其中依照自己的想法選擇該採取什麼行動，即使進行得不順利，他們也能夠心悅誠服地接受最後的結果。

「因為主管叫我做的，因為上面的命令，我才這麼做，但結果並不順利。」老是抱著這種想法的人，成功或失敗都是他人的功勞或責任。所以無法建立自信，也無法誠實面對自己。

為了能夠成長，對於每一個行動，都先思考其中的意義，遵從自己的意願去選擇並付諸行動是很重要的。即使是被指派的工作，也要真心接納，思考每一個行動對自己的意義，及行動的目的，就能成為自己的力量。

## ❹能夠發現工作和生活中的樂趣

第四，有成長的人能夠從小事當中找到喜悅。眼前的工作即使乍看之下似乎沒有價值，仍然能夠從其中發現樂趣。即使是資料輸入作業，整理資料以後，出現意料之外的結果，也會覺得很有趣。其中說不定隱藏著平時大家沒說的事情，這麼一想、進一步查詢之後，發現了其中原因……。

即使是一些芝麻小事，只要深入一探究竟，就能發現嶄新的面貌，因此就能在工作中發現樂趣。另外，例如在製作資料時，把標題引言寫得簡明易懂，客戶的反應也會不同。在商場談判時，比平時更緊追不捨地交涉，訂單因而增加了一些……。

**像這樣能夠從一些小事找到喜悅的人，就能自行從工作中汲取積極向前的養分，只要不斷累積這些養分，就能轉變成一股肯定自我的力量。**或許生活中充滿不盡如意的事情，沒有獲得極大的成功，但仍然能夠肯定自己已盡心盡力、相當努力，這就能夠成為支持自己的動力。

**得到周圍的肯定，切身感受到周遭的人需要你，才能建立真正的自信。**只靠自己無法肯定自我的價值，人都是透過他人才能認識自我的價值。

因此，當周遭的人對你的評價不好，無法得到感謝及肯定的回饋，當然會沒有自信。更糟的是因為沒有得到這些回饋，所以就不斷自我否定，認為自己沒出息。一再重複這樣的循環，就會製造出一個無法積極工作的自己。

**其實你有能力更積極，即使是小事也無妨，從每天的工作中發現樂趣、喜悅及愉快。**只要認為自己表現不錯、有進步，就直接讚美自己，如此就能成為一股激勵自己積極向前的動力。

## ❺懂得把握每一個機會，將危機化轉機

能藉由工作有成長的人，第五個特質就是能夠積極掌握偶然的機緣、計劃外的經驗。史丹佛大學的克倫伯特茲教授（John D. Krumboltz）提出「善用機緣」的論述，認為百分之八十的精英是因為他們善用偶發或學會處理生命中的意外事件，稱為「善用機緣論（Planned happenstance theory）」。克倫伯特茲教授認為，積極掌握機緣，能夠使一個人有顯著的成長。

研究中發現，回顧生命中的重大成長，總是和重大異動有關。調職、受到委任負責海外的重要工作、開創事業、擔任企劃案負責人、成為經理人、新工作與當前環境有重大差異等。

而且，這些改變大多都不是當事人所希望的，他們沒有心理準備，公司突然發文頒布異動，要求他們非扛下工作不可。對當事人而言猶如晴天霹靂，其中也有人很不滿為什麼會遇到這種事。然而，驀然回首，這些改變卻使自己有了極大的成長。

**過去的做法及經驗不再適用，因此只能重新來過，也正因為如此，考驗著一個人應變的能力。**先理解狀況，重新聆聽工作夥伴或顧客的想法，努力溝通並思考應該如何取得對方的信賴。在這樣的過程中，讓自己得到接納，獲得周遭的協助，成就極大的工作發展。經由這樣的經驗，突破強大的障礙，使得自己更茁壯。這是一種脫胎換骨的經驗，也是一種人生戰場的經驗。

就如諺語說的「玉不琢，不成器」，全力以赴克服困難、憑一己之力渡過難關、從挫折中體會感恩，獲得這些經驗，在自己未曾預料之際偶然發生的機緣，能不能積極面對及克服，將左右一個人的成長。

克倫伯特茲教授認為，善用機緣的人，具有以下的行為特性：**好奇**（Curiosity）、**堅持**（Persistence）、**彈性**（Flexibility）、**樂觀**（Optimism）、**冒險**（Risk Taking）。這些特性和我先前說明的各項特點相同，坦率地對各種事物、保有旺盛的好奇心；不輕易論斷事情一定得按照既定原則，思考多種可能性；即使不順利也保持樂觀的挑戰精神；以及最重要的，不要輕易放棄，全力以赴。我認為這樣的人，一定能夠掌握發生在自己身上的機會。

無法得到主管認同、找不到立足點的煩惱，封閉在自己的世界之際，你是否對工作不再熱衷，失去好奇心呢？若是漸漸失去了向他人學習的謙虛態度，對任何事都變得被動，放棄自主性思考採取主動，無法再從小事當中發現喜悅，你會在不知不覺中，一再讓偶然的機緣從手中溜走。

# 把握和主管相處的機會，別逃避

想要成熟地在職場處世，希望你好好思考：**你是否無意間逃避了和主管建立良好關係的機會？**不論在哪個時代、位於什麼處境，人際關係都是一項很難處理的課題。不瞭解別人的心情、受到旁人左右、覺得很受傷……等等，都是日常生活中一再發生的狀況。希望你不要因此就失去對他人的信任，認為反正不可能瞭解他人而自暴自棄。

輕易放棄與他人建立良好的人際關係，到頭來只是孤立了自己，使自己失去了立足之地。

## 最能包容多樣性的世代

看到我第二章當中所介紹形形色色的主管，你有什麼感想呢？主管表現出的言行舉止，都有不同的背景因素，他們不是也和你相同，看不見自己的長處，壓抑自我，被每天的工作逼迫得喘不過氣嗎？

當然主管和你的立場不同，你或許認為：主管若是不先好好扮演應有的職責，狀況不可能改善。我能體會你這樣的心情。不過，事情真的是這樣嗎？處理好人際關係，只有居上風的人才能改變嗎？難道你就沒有改變現況的力量嗎？

就如我第三章說的，我認為年輕世代一定具有其他世代缺乏的優點。年輕的一代目睹處於停滯、問題層出不窮的社會而長大，所以被迫去思考工作的意義及價值。不過，追根究底後，這也是一股能洞悉怎麼做才能更好、更正確的力量。

在多樣化社會中成長的你，**能夠自然而然接受不同的價值觀及想法，這樣的力量，可能遠比其他世代強得多**。因此，不妨試著卸除你的心防，和更多不同的人對話，只要這麼做，或許就能架起你和他人之間的橋樑。

實際上，由於在手機、網路文化下成長的影響，年輕的世代也具有將人際圈擴大聯結的力量，或許你可以漸進式地將公司的人做橫向聯繫。每個人都有擅長及不擅長的事，如果能夠整合每個人的優缺點，一定能夠完成更有價值的工作。

## 無論好壞，每位主管都值得你學習

每一位主管當然也受他所處的世代影響，有擅長和不擅長之處，將每個人的優缺點截長補短，相互肯定，接納彼此的優點，運用在工作上，一定能開展新的局面。

當有嶄新的挑戰機會時，不妨主動表示你的意願。比方說，和泡沫世代那些能夠勇敢挑戰各種事物的同事一起到海外工作，或是從事新開發的工作，你或許就能勇於去接觸形形色色的人，受到拓展關係的企圖心所影響，感受到勇往直前的氣勢，對工作也非常重要。

如果他們的英語能力不佳，只要你從旁協助就好；要是他們態度搖擺不定，你不妨提出意見，讓他們說明工作意義，或是賦予工作更大的價值。只要和價值觀不同的人們對話，也許你能想出更好的解決對策。只要這麼一想，雖然是和不同世代的人一起合作，不是也能夠成就許多事情嗎？

若是維持現狀，你們就無法互相肯定、結合彼此的能力。很多人都是先從自己設法努力開始做起，不過從今以後，只要你們更瞭解對方，就能夠相互合作。

**年齡愈大體力將愈衰退，然而，過去的經驗一定能夠成為協助年輕人的力量。**愈是吃過苦、在不順遂的狀況下也能堅持到底的人，愈能夠告訴你今後做為一個社會人士生存下去的重要法則。

抱著這樣的想法，再次面對你的主管或前輩，在你認為沒有用而放棄以前，為了避免孤立自己，失去立身之處，希望你不要放棄與他們建立良好的關係。

chapter

# 5

# 貴人就在身邊，
# 你該如何善用？

# 尋求協助前，先瞭解自己的個性

主管和前輩都被眼前的工作逼得喘不過氣，以致你很難向他們表達你的心情，愈來愈無法瞭解彼此，只是埋首於自己的工作，這種狀況長久持續下去，的確很痛苦。

一味等待主管改變，或斷定主管不可能改變而死心放棄的結果，只是把自己逼到無處可逃罷了。既然這樣，希望你從自己做起，即使沒有立即的成效，試著採取行動、去改變、去思考看看。

就如我前面說過的，泡沫經濟崩壞以後的企業環境變化，對於不同世代的思考及行動帶來極大影響。**如果能瞭解各個世代的特徵，就能看清楚他們行為背後抱持的心態，以及他們的長處及短處**。

希望你能夠從這樣的角度，主動去建立與主管或前輩之間的良好關係。試著按照以下四個步驟，逐漸改善彼此的關係。

第一，思考自己的成長類型，以及如何尋求主管協助。
第二，抱著希望能更瞭解主管及前輩的態度與他們交談。
第三，找出主管或前輩的不足，創造自己被需要之處。
第四，努力讓整個職場變得更正面積極，成為情感互動良好的起點。
乍看之下這四項或許都不容易做到，但我認為這是改變你和主管及前輩之間的關係，讓你在工作上積極有活力的必要條件。

## 從「行動前後」解析你的職場性格

你的職場個性是哪種類型？首先回想一下，從準備升學考試、多年的校園生活、進入社會之後，當你打算投入去做某件事的時候，你都是運用什麼樣的方法？首先是當你打算做某件事而採取行動時：

**❶確實擬定計劃，準備周全以後再採取行動。**

**❷先做再說，重視嘗試的過程。**

想想看，你比較接近哪個類型？**❶屬於計劃型，❷屬於實驗型。**

比方說，當你打算取得某項檢定資格時，計劃型的人會先徹底研究需要分為哪些學習階段，擬訂學習計劃後再採取行動；實驗型的人則是聽從前輩或友人的推薦，或是先閱讀書籍，覺得有興趣時，就立刻付諸行動。兩種類型沒有好壞優劣的問題，就付諸行動的意義而言，兩者沒有差別。只是分為先仔細思考才行動，以及先行動再思考的兩個類型。

接著是開始付諸行動後，你會選擇如何進行？

**❶傾向單獨行動，獨自一個人集中精神能夠得到較好的結果。**

**❷詢問大家的建議，和別人一起進行較能得到好的結果。**

選擇❶，你是屬於**「自我鞭策型」**，選擇❷，則是**「互助合作型」**。

自我鞭策型的人認為，準備考試時，重要的是集中精神，所以習慣獨自努力；互助合作型的人則會先詢問有過該考試經驗的友人，或是找也要考試的同伴，彼此相互砥礪，能得到更大的成效。

透過哪一種方式，能夠學習到更多，產生更好的成果，每個人不同；也可以說一個人「熱衷投入」的類型，決定了當事人的成長。

將上述兩種分類交叉組合後，可以歸納出四種類型，你不妨參考每個類型，瞭解自己在工作上採用什麼方式更能有所成長，也可以知道主管、前輩、親朋好友給你什麼樣的協助，更能加速你的成長。

## ❶ 計劃者：自我管理佳，別只做擅長的工作

第一種類型是著手訂定計劃後，能夠自我鞭策、付諸行動的人。

只要明確訂立目標，擬定計劃，就能靠自己的力量實踐，可以說是擅長自我管理，能夠踏實工作的人，就主管的角度來看，會認為這樣的部屬能夠好好地完成工作任務，是讓人放心的類型。

但是，就是否能有所成長的角度來看，必須注意兩件事情。

首先是在計劃階段，是否受限於自己所認識的領域。雖然審慎考慮目的及意義是必要的，但若不清楚目的及意義就無法付諸行動的話，很容易在不知不覺中，**變成只做擅長的事情，不擅長的事一再拖延**，甚至到最後完全沒處理。

另外一點要注意的，則是任何事都獨自完成，於是難以聽進旁人的意見，長久下來，不容易拓展自己的工作領域。

職場性格大解析

# 瞭解「工作性格」，才知道自己需要哪些幫助

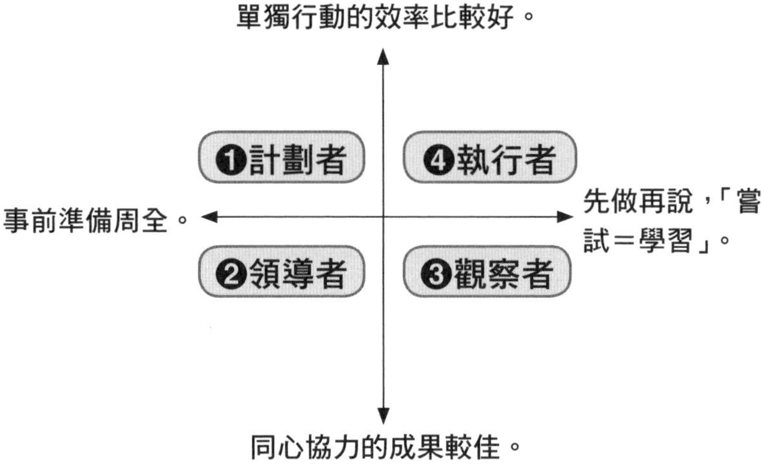


＊瞭解自己屬於哪一種工作性格之後，才知道欠缺什麼協助。

❶ 計劃者：自我管理佳，但欠缺挑戰精神。
❷ 執行者：行動力強，但須要反思與檢討的引導。
❸ 觀察者：態度積極，但要培養舉一反三的思考力。
❹ 領導者：帶動大家執行計劃，但有時候顧慮太多。

如果你屬於這種類型的人，不妨和主管商量，提供你以下的協助。

首先，**在計劃階段，當你決定好進行順序之後，務必找主管商量，請他給你意見**。拜託主管幫你確認：是否偏離公司或主管的期待，你採用的是最好的執行方法嗎？說不定有更好的方法……等等；到了實施階段時，雖然你習慣獨自處理，但事先知會主管，萬一你有感到困惑或覺得不安時，希望能找主管商量。

實際進行時，如果一切順利的話當然可以放手去做，不過，當發生什麼狀況時，光靠自己的判斷，發現怎麼做都行不通才找主管商量的話，這時就太晚了。

正因為你有獨自完成的實力，有時請主管修正你的做法，不但可以讓主管瞭解你的優點，主管也更容易提出你需要修正的地方，這麼一來也更容易拉近彼此的距離，讓主管願意關照你。

### ❷ 執行者：行動力強，注意確實檢討過程

第二種類型是先做再說，能夠自我鞭策的類型。如果你是這種類型，應該會認為與其一一思考細節，鉅細靡遺地擬定計劃，不如先直接開始做，然後從嘗試的過程中找到最好的方法比較重要。

這樣的人很少抗拒主管交辦的工作，總是先做再說。即使因此而發生種種問題，也會自行尋求解決辦法。這種類型的年輕部屬中，很多人認為即使是艱難的工作，也能夠讓自己成長，**採取積極態度挑戰各種不同的事物**。

雖然旁人可能認為他們往往不假思索就踏出錯誤的一步，只是一股腦地往前邁進，但他們也是能夠坦率努力以赴的類型。

**若你屬於這個類型，而期望自己能有成長，你需要的是確實反省自己的經驗，思考這些經驗對於自己的成長有什麼關聯、意義、價值。**

這個類型的人比其他類型更能毫無怨言地執行各種任務，但是，多樣的經驗若是無法內化成自己的知識，就無法紮穩實力，因此需要更進一步思考：這些經驗帶給你的意義是什麼。

這個部分可以尋求主管的協助。回想進行不順利、煩惱、希望以自己的做法嘗試的時候，告訴主管，你當時為什麼採取那個方式，當時你的想法、進行的方式是否真的恰當，都可以向主管再次確認。

這麼一來，就能發現你沒有考慮到的想法或做法，同時也能透過主管的角度觀察，看你在嘗試錯誤的經驗中，花了什麼樣的心力。

你可以試著向主管或前輩提出協助的需求：「我希望儘可能獨自試看看，不過，希望一個月能有一次，針對進行不順利的地方、感到困擾的部分，以及我努力的部分向您報告，請您給我一些意見，該怎麼進行比較恰當、有沒有比較好的做法。」

就算主管有困難，也可以找前輩或同事協助。先回顧審視自己的經驗，然後思考該次經驗帶給你的意義，接著找出下次的課題。只要不斷反覆這個過程，相信你一定能夠有極大的成長。

## ❸觀察者：態度積極，但別對指示照單全收

第三種類型的人，通常會先付諸行動，在行動的過程中，一面和身邊的人商討，集思廣義，一面進行工作。

這個類型的人，抱著什麼都願意一試、負責什麼任務都勇往直前的態度，同時也很重視與他人之間的關係，他們不設限自己扮演的角色，有調整空間，能夠透過與他人的合作，受到他人影響而成長。就正面而言，可以說是服從度高、處事有彈性的人，因此能夠坦率吸收任何新知識與技能。

只不過，這種人常對於他人要求的事完全照單全收，變成好好先生、小姐，很有可能變成聽任他人使喚的員工。如果你屬於這種類型，**最重要的是表現出你積極的學習態度，不應該一味聽從指示**，讓其他人知道：不論什麼事情都想學習，因此，只要有不懂的事，都希望得到確實的指導。

就算是主管交辦事項，藉由旁人的智慧及協助，進行工作之際，能夠學習許多不同的方式，都能隨之擴展思考及行事的彈性。

抱著旺盛的好奇心，求知若渴的學習態度，建立與主管及周遭的關係。一開始或許有人會嫌你煩，但只要因為他們的教導，增加自己的實力，瞭解如何去思考並建立自信後，向對方表達感謝的心意及他們帶給你的改變，相信他們也一定更樂於指導你。

希望周遭的人栽培你，要是你認為正是時候，就大膽表達想要學習的態度。當你認為能夠在人際關係中成長、大顯身手，不妨表現出任何工作都願意嘗試，想和周遭的人建立更深刻關係的態度，你一定能集合眾人智慧，並獲得眾多支援。

### ❹領導者：帶動大家執行計劃，注意別太瞻前顧後

第四種類型，屬於先審慎思考該從什麼地方開始著手，然後才付諸行動，而且實施

計劃時，會帶動周圍的人一起進行的類型，也可以說是領導型的人。

有自己想做的事，想要實現的目標，而且為了確實執行而擬訂計劃，帶動主管和其他同事，共同執行計劃。希望藉由這個方式，得到更多力量，共同完成更大的計劃，有助於自我成長。

即使不是大計劃，在日常業務工作中，也是屬於先審慎思考要做什麼？該怎麼進行，然後才著手執行，並且在實踐的過程中，邊和主管及周遭的人確認邊進行，隨時檢視是否符合原訂計劃。

確實經過審慎思考，並且有彈性地採取行動，這類型的人容易博得他人信賴。反過來說，也有可能因為瞻前顧後以致始終不敢跨出第一步，或是明明已經決定了，卻又因為周遭的意見、建議過多，反而猶豫不決，不知該做什麼，始終在原地踏步。

**這個類型的人，最重要的是不要失去自己的核心理念。**重要的不是百分之百依照計劃執行，而是未來想要實現的夢想、希望創造的人生價值，朝著這樣的目標努力才是最重要的。

不要失去自己的目標，讓周遭的人知道你的想法不斷往前邁進，接納為了達成這個目的意見或建言。不久之後，你的想法就能感染給其他人，大家互助合作，共同實現目標。因此，你必須告訴主管或前輩，你想做什麼，你想做的這些事對於公司、社會，具有什麼樣的意義。

光是讓對方看自己想進行的計劃，告訴對方「希望能讓我依計劃進行」，但沒有明確說明這個計劃對於這件工作的重要性，就難以得到主管或周遭的認同及協助。**必須向主管說明，你想做的事，就公司及社會的角度，將帶來什麼樣的意義和價值。**你要向其他人要求幫助，藉以實踐自己想做的事，因此「說服其他人」也是很重要的。

你的工作性格是哪一種類型？主管、前輩和同事提供什麼樣的協助，能夠讓你獲得最大的成長？能夠讓你最有幹勁？回想過去最努力的時期、克服難關的時候、覺得最有意義的瞬間，相信你一定能夠找到適合你的方法。

# 讓主管、前輩都挺你的三步驟話術

確認自己的工作性格，瞭解在職場上需要什麼樣的指導後，就可以尋求主管及前輩的協助。就如前面說明，依照不同類型，主管及前輩對你的協助也會跟著改變。

不過，突然對主管表明「我屬於這種類型，所以請您這麼協助我」，萬一和主管的認知不同，或是彼此缺乏信賴關係，很可能只會讓主管覺得你太過本位主義，反而在你們之間形成鴻溝。

為了避免造成這種情況，表現出希望好好和對方溝通、想要瞭解對方的態度，就十分重要了。以下就是善用身邊貴人的第二個階段，採取理解主管及前輩的態度，與對方溝通，有三個重點話術：❶請對方「給建議」，而非直接「說答案」；❷多問「為什麼」，累積自己的經驗值；❸從老生常談中，聽出值得學習的生存之道。

## ❶請對方「給建議」，而非直接「說答案」

首先，試著改變日常開口拜託對方的方式。拜託對方之前，先詢問：「現在方便嗎？」、「如果您有時間，可以幫我過目一下嗎？」、「有件事想跟您商量，可以嗎？」，代表你同時也考慮到他的現況，若對方露出一臉為難，或似乎很忙碌時，你一定要加上這一句：「等您有時間時，再麻煩您告訴我一聲。」

不是要求對方為你檢查工作細節，或是每個不懂的環節都要對方教你，而是**以自己的方式做做看以後，感到不確定、或煩惱是否有更好的辦法時，請求對方給你意見。**

「沒告訴我答案，所以我不知道」，如果以這樣的態度去找主管，主管只會覺得「你不懂，怪我嗎？」，反而有種被部屬責備的感覺。

「我試著去做了，不過還是不太確定……可以和您討論看看嗎？」這麼說的話，多數主管都會反問你，是在什麼地方遇到困難。想要對方指導你的情況也相同的，只不過由於提出的方式不同，對方的接受度也會提高。只要能夠注意到這一點，相信你和對方之間的關係就會改變。

## ❷多問「為什麼」，累積自己的經驗值

其次，當你找主管談話時，希望你留意的是「要問什麼」。也就是說，你想問主管的究竟是工作內容、或只是工作程序。

前面說過，能夠順利進行工作的人，就是抱著明確目標工作的人。為什麼在某個環節採取某個行動，瞭解背後的思考、判斷基準、價值觀，都和順利完成工作而建立的基礎有關。若是想要做出好成果，就要吸收工作中的原理原則、訣竅、要點，成為思考的基礎並加以整理。

比方說，和主管或前輩一起拜訪客戶，聆聽他們之間的對話時，如果不瞭解他們在某個地方為何提問、為什麼在某個部分讓步、或是對於某個部分的說話方式感到有疑問時，不妨事後向主管或前輩請教他們為何這麼做。

在經營顧客關係中一定得注意的要點、在困難的狀況中如何判斷取捨的方法，主管和前輩們的主張和思考邏輯，都是透過經驗累積後形成，積極的向他們請教學習，別怕自己問太多。

## ❸從老生常談中，聽出值得學習的生存之道

為了瞭解主管或前輩，希望你多聽他們的經驗談及辛酸史。或許有人認為，就算聽主管暢談陳年舊事，時代已經不同了，到頭來只是聽他們自誇或說教，所以並不想聽。但是，當事人的經驗談，尤其是辛酸史，往往可以看出他的思考方式、克服困難的訣竅、與他人的溝通技巧。**從一個人的過去，可以看見他的生存之道。**

主管和前輩歷經的時代變化及環境，對於他們的思考、價值觀及行動準則有所影響，若是能夠瞭解這個部分，就能知道對方行為舉止背後的意圖，也更能從客觀的角度去看一個人，即使和對方觀點不同，至少能夠理解他這樣做的原因。

只要能清楚對方重視的原則、長處及付出的努力，你就能找到他值得尊敬和學習的優點。透過聆聽過去的經驗談及辛酸史，努力去理解對方在最艱困的時期是如何克服？他們是否有什麼堅持、才能努力到現在？

主動開口要求協助的確需要勇氣，不過，就主管的角度來看，因為你表現出信賴他、想更瞭解他的態度，所以也很難對你冷淡或擺出臭臉。就算主管很忙，無法立刻回覆你，我想他應該會邀請你下次去小酌以暢所欲言。

## 瞭解缺點，比看出優點更難

為了理解主管，而與主管對話後，不但能夠看到主管的長處、擅長的領域，相對的也能看到主管的缺點及不擅長的地方。在善用身邊貴人的第三階段，希望你想想該如何主動支援主管或前輩所不擅長的事情。

### 主動協助主管／前輩「不擅長的事」

或許有人認為，部屬位居需要主管支援、協助的角色，怎麼可能主動去幫助主管？回想第二章提到的各個世代特徵，每個世代都有其優點，若能在職場上善用彼此特長並有效發揮，大家工作起來都能更輕鬆。

例如，徹底被灌輸那個時代工作價值觀的資深主管，他們有一套自己的工作主張及方法，不過，有許多人因為認為那些方法及觀念可能已經不適用於現代，無法套用現在的工作，但卻不願意明說。

事實上若是單就「把工作做好」這一點而言，從他們身上有許多可學習之處，不妨向他們表達自己想學習這種工作態度，同時，也試著協助他們不擅長的部分。

**該世代的主管在體力上或許不如年輕人，也或許不太擅長資訊科技或英語，沒辦法做比較細瑣的工作**，使用電腦管理及調整行程、日常文書等雜務都必須自行處理，得花掉他們相當多時間。

若是你能夠協助他們準備資料，可以開口問問看：「有什麼我能幫忙的嗎？」「我來影印吧」，或是「我對電腦及智慧手機操作還算嫻熟，若是有需要的話，再請您告訴我。」

## 請主管協助你「他所擅長的事」

另外，泡沫世代有許多中堅主管，明明可以為職場注入活力，卻因為工作而筋疲力盡，以致沒有辦法身兼教練和球員。

但是，其實他們很喜歡大家一起策劃活動，以要舉辦慶典的心情投入。所以，計劃公司聚餐、協助活動準備等等，我想一定有很多主管相當起勁。希望你能借用這些主管們的力量，拜託他們幫忙，擅用主管們的優點，一起嘗試新的挑戰。

**而你的任務，就是確實辦好主管規劃的工作任務，確保細節運行無誤，**主管一定會認為你是個能幹的部屬。

## 請主管讓你挑戰「你不擅長的事」

而經驗過就業冰河期，每一個人都必須成為專家的領導者世代中，很多人必須設法獨力解決一切困難，因此他們不擅長拜託周遭的人，遑論發掘並藉助同事優點、能力。因此，希望你能對他們說：「雖然不敢說自己可以做到一百分，但是很希望能做做看」、「我會努力」，表現出你願意協助的態度。

**這個世代的主管認為，在工作上主動出擊很重要，缺乏幹勁的人沒出息，**或許一開始可能會對你的主動請纓冷眼以待，不過別忘了，他們的個性充滿幹勁，憑自己的力量全力以赴，只要記住這一點，協助這些主管們，表現出想要從他們身上學習專業能力的態度，就能建立良好的關係。

## 成為主管能依賴互助的好夥伴

不過，也不能光只是思考面對不同世代的主管／前輩，該用什麼樣的方式應對，不如說是從不同觀點多方觀察，彼此有良好的互動，就能發現對方優缺點，與可以互補的事項。

發現主動協助主管或前輩的方式，你就能成為他們不可或缺的左右手及可信任的對象。具有受到周圍信任的能力，展現出你能付出的貢獻，就能開拓立足之地，提高你的存在價值。

雖然目前光是自己的工作就竭盡全力，不過，若是因此而愈封閉自己，就愈無法在公司找到容身之處。想想看，你是否能對主管或同事有貢獻，能給予什麼樣的協助。

最後希望，你能思考該如何帶動職場氣氛。不光只是在工作不順利，或是感到沮喪時和同事們交流打氣，有時也會談到有關戀愛的煩惱或家人等私人話題，為了讓大家提振精神，在舉辦活動時，也要努力帶動氣氛，讓場面熱起來。

我並不是要你對職場的同事毫無隱藏，淨是取悅他人，而是希望你能夠試著扮演體貼旁人、帶給大家活力的角色。多做讓職場有活力的舉動，多製造職場活潑的氣氛，例如：**提醒自己充滿朝氣地向大家打招呼；和公司群組分享有趣的小事，或生活資訊；試著擔任聚餐或活動的負責人，召開讓同事們傾吐煩惱的聚會或讀書會**，先從幾個人開始試辦也無妨。

主動散發正向的能量，主辦讓職場更有朝氣的活動，即使不是由自己主導，也可以找對這些事可能有興趣的人，比方說泡沫世代的主管或前輩，試著透過這些方式，傳達出想讓整個職場更有活力的心意。

chapter

# 6

# 改變未來的工作形態，從「你」開始

# 正視對於未來的不安、不確定感

想要充滿活力的工作，要先找出唯你能做到的事情。若只有你自己幹勁十足，要是無法和主管或前輩之間建立良好的關係，到頭來還是會讓自己陷入困境，所以，先改變和周遭的關係非常重要。**只要周圍的人能夠接受你、肯定你，相信你自然而然就能充滿幹勁。**

可能有人認為難以主動去打破和他人之間的籓籬，或是認為做這件事耗費時間。就算試著跨出去了，只要對方沒有給予正面的反應，就感到沮喪失落，就此放棄。由於不安佔據了內心其他的想法，因而縮回自己的世界，一旦發生這樣的狀況，就難以改變現狀。這時候該如何採取主動，讓自己充滿幹勁，變得更積極呢？

## 對未來的恐懼，讓你原地踏步

人在什麼狀況下會感到不安？擔心周遭發生的事情、是否會令自己陷入絕境，或者有任何事情有可能威脅自己的生存時。未來可能還會發生的天災、無法解決的核能問題、和隣近國家之間的緊張關係、持續惡化的少子高齡化社會……，**難以預料未來的變化，有生之年可能必須面臨極大的困境，對於未來的曖昧不明，助長了內心的不安**。

你在公司感受到的不安，就是來自這類對於未來的不明確感。主管或前輩的漠不關心，無心進一步瞭解你，沒有肯定你的優點，找不到自己的立足之地……。繼續待在這家公司，自己能夠成長嗎？能夠一展長才嗎？

你無法想像在職場中積極全力以赴的樣子，當浮現腦海的未來景象，只有被日復一日的例行工作追得焦頭爛額的自己，當然會加劇內心的不安。

**這種情況下，最糟的是被這樣的不安驅使，使得自己只能原地踏步**。不認為進一步努力能夠好轉，心中出現這個念頭，於是儘可能不和周圍有任何牽扯，為了避免風險擴大而退縮不前。然而，這麼做並無法使模糊不清的未來大放光明。看不清楚未來，當然會感到不安。但問題是你自己助長了這樣的不安，而無法自拔。

如果你已經有這樣的傾向，千萬別再累積內心的不安。公司的同期也好，學生時代的好友也好，就算只有一個人也沒關係，坦率地向對方傾訴無法從不安脫身的狀況。

## 理性解讀主管言行，不是針對你個人

要是沒有可以商量的對象，不妨試著寫下發生的事情，以第三者角度思考當時主管、其他同事以及你的心理狀況。寫下發生的事情及當時的對話，或許你就能發現，可能是自己想太多，或是自顧自地往負面的方面解釋。為了發現真相，你必須釐清什麼是事實，什麼是感情用事。

這麼一來，你就能逐漸發現每一句話的意義。或許你會發現根本是擅自揣測，淨是往不好的方向想。這麼做無法完全消除你的不安，因此最重要的是與你的不安面對面，**客觀地審視不安的自我，冷靜地接受所發生的事**，避免被不安的情緒左右。

面對內在的不安，你會發現看不清自己的未來，但比起來更重要的是改變自我，讓自己能夠往前跨出一步。試著為自己加油，先從這個地方做起。

# 挑剔的主管，是最好的貴人

克服對未來的不安後，希望你能想一想：該怎麼做？不是向他人尋求答案，而是從你的內在尋找解答。

你認為，工作無法順利進行，是因為主管什麼都不教你，周圍的同事都不協助你。當你自認沒有做錯任何事，就無法主動向前再跨出去；**一味要求別人負責，無法承認自己弱點的人，就無法改變**。為什麼周圍的人都不瞭解你？那是因為你沒有好好地讓周圍的人瞭解。

想要真正瞭解一個人原本就不簡單，即使說對話，也有可能因為當事人的外表或言行舉止輕浮而無法被信任，或是看起來缺乏自信，而被懷疑「他說的這麼沒信心，真的可以這樣做嗎？」。

## 被否定的經驗，是改變的助力

因此，若是沒有努力取得對方的信任，一點一點地傳達自己的想法，就難以讓對方瞭解你。真正的理解，是透過反覆的對話，不斷加深對彼此的認識。

改變現狀的第一步，就是主動跨出一步。先聆聽對方說的話，瞭解對方，也把你的想法傳達給對方，讓對方逐漸認識、瞭解你。別只是要求對方給答案，而是主動跨出一步，自行去尋找解答。

實際跨出一步後，對方將會給你回饋，藉著對彼此的瞭解，也許你能獲得些許正面的回饋。

「你很努力嘛！」

「你考慮得很周到喔。」

「我認為這是你的優點。」

聽到有人肯定自己，是件開心的事，不過，有時候對方反應不如你的預期，甚至還有可能遭到對方批評你做得不好、說教、或遭受否定。這時候，你必須跨越的障礙就是不要害怕、逃避被否定。

**聽到對方的否定，或許一時讓你感到沮喪、焦躁，但有時也會因此成為改變的契機，成為一股助力。**對於懷著惡意，鄙視的言詞沒有必要放在心上，但是關於做不到的、做不好的和嚴苛的批評，你因而瞭解自己什麼地方不足、應當改進什麼地方，是很重要的經驗。

我也曾有過好幾次遭到主管毫不留情的批評，而差點一蹶不振的經驗，至今仍記憶猶新。當時，我剛從研究人員轉換跑道成為顧問，在某家公司為社長進行簡報，說明選項及優劣處，但是，由於那個選項對於公司造成的衝擊太大，所以無法明確傳達自己的意見。

結果，一走出那家公司大門，主管立刻對我破口大罵：「你這個顧問太差勁了！為什麼無法清楚地表明自己的看法？社長很苦惱，所以才會徵求專家的意見。就算你不知道什麼才是正確的，如果你真心為社長著想，就應該說出自己的看法，要是做不到，根本沒資格說自己是顧問！」

## 工作能力好壞，無關年齡或資歷

對當時的我而言，那是一個很大的瓶頸。我原本從事研究工作，所學到的是必須根據事實說話，對於分析後狀況仍無法掌握的狀況，而且還必須面對一家企業的最終決策者，就算是依個人判斷分析給對方聽，也是有很大的風險。

要是我輕率地提出意見，或許會讓那家公司遭受很大的損失。而要當時才二十五歲的我負起這麼大的責任，我覺得並不妥當。在這種情況下仍然要提出意見，這就是顧問的任務。我自覺大概不適合當顧問，希望回去從事研究。

不過，在煩惱的過程中，我瞭解了主管真正想表達的是，我有沒有把對方放在最重要的位置來考慮？有沒有想過是否已經盡其所能的提出給對方的建議。主管想對我說的是，就算無法負起責任或風險，也要立刻改變那個無法和經營者站在同樣立場、只想逃避的心態。

我現在已經明白，從事顧問工作，就是要站在和顧客同樣的心情，必須具有背負同樣重任的勇氣。

「這種表現沒資格當顧問！」這種說法乍聽之下有職場霸凌的疑慮，不過，就事論事的指責，和單純的批評並不一樣。**就事實說出的指責，正是能改變自己的弱點的強力後援。**「為什麼連這種小事也做不到？」「你有沒有仔細想過？」「這麼做不行！」聽到主管這麼說，你應該好好向他確認：究竟是哪裡不行？本來應該要做到什麼程度？或是反問自己，想辦法找出答案。

就算有些話說出口會遭到嘲笑，或是對方認為不可行，但要是什麼任何事都不表示意見，不採取主動，別人也不會再給你任何指導意見，這更會使你停止成長。

不想被否定、希望展現出可靠的樣子、在意旁人眼光，這些心情我都可以瞭解。不過，實際上周圍的人並沒有你想像中那樣把目光焦點放在你身上。反而是受到責備、否定，卻能夠好好地接納、努力改善，更能受到周遭的注意。不夠帥氣、有缺點的人，反而有更多夥伴。

年輕時多接受批評無所謂，這些批評能夠鍛鍊你。因此，告訴主管或周遭的同事，當你有不好的地方，請他們告訴你。這麼一來，就不會只有批評，而會給你就事論事的否定，建議及意見。你表現出來的態度，將改變旁人對你的回饋。

## 效率優先，最後只會做例行公事

常有人批評，現在的年輕人，一開始就過度追求效率。現代人的工作如此忙碌，為了快速完成大量的工作，追求效率優先也是理所當然的。及早判斷哪些事情徒勞無功，決定工作的優先順序，是追求績效的高明做法，不少職場老鳥應該也採用過相同的方式工作。

依效益區分工作優先順序的人，他們的問題點在於判斷工作內容時，只以自己為主，他們主要的判斷標準，在於自己是否有效率地工作，被要求的工作量是否在時間內達成。

於是，所做的事便侷限在能力範圍內及合理的工作。不知不覺中，客戶真正想要的是什麼，透過這個工作想要實現什麼目標？反而全都看不清楚。結果也看不清工作的價值，只是日復一日做著例行公事。

比方說，從事推銷工作的人為了提高業績，就會儘可能鎖定成交率高的客戶，於是業務活動順序就會從營業規模大的大型企業、位階高的客戶開始著手。這或許的確是聰明的推銷方式。不過，一旦認為小規模的公司或職位低的客戶沒有拜訪價值而完全放棄，久而久之，判斷基準就會變成為「對方是否願意掏錢」。

然而，業務最重要的目標應該是客戶想要什麼？你推銷的商品或服務對於他能給他什麼好處？而且，在你鍥而不捨的推銷過程，客戶是否認為你真心地為他設想，能夠成為他可信賴的夥伴。能夠建立這樣的關係，就能使今後的交易延續的機會大增。

我並不是要你忽視效率，**但過度追求效率至上的結果，就會使得工作侷限在自己瞭解的領域或能力範圍**，完全就自己的觀點去選擇工作，可能會錯失難得的機會，這等於是自我設限在窄小的牢籠中。

## 「做白工」，是最寶貴的經驗

回顧截至目前的人生，想必有不少人認為自己繞了一大圈遠路。我重考了兩年，才好不容易上了大學，而且重考第二年時，剛開始就因為肺部疾病，被迫住院將近兩個月。落榜的打擊下，還得接受大手術，猶如雪上加霜，只能整天躺在病床上。

出院後，我在家足不出戶準備重考，大約一整年都沒有和任何朋友見面。雖然身體的狀況也是原因，不過感覺人生進度落後的我，實在沒有勇氣在朋友面前露臉。

我整天關在家裡，每天只是努力寫著補習班的模擬試題，偶爾去參加模擬考，自己也覺得過著十分晦暗的重考生涯。不過，現在回想起來，當時的想法、煩惱，都會成為未來的基礎。雖然只是跟著大家參加升學考試，經歷一再的挫敗，我卻在這樣的時間消逝中，發現自己的人生目標。

我身邊有許多在自己的人生中故意繞遠路的朋友，明明已找到工作，因為不知道自己為了什麼而工作，因此辭去工作一個人走遍亞洲各地，看到了戰爭下的犧牲者及貧困的現況，為了將這樣的社會真相給更多人知道，隔年到電視公司工作的朋友，他後來成為追蹤社會問題的節目導播。

還有一個朋友，他重考了三次才上大學，而且中途跑去中國留學，嘗試了各種挑戰，花了七年的時間才讀完大學。而且因為想取得註冊會計師的資格，卻一直無法通過考試，直到超過三十歲才好不容易就業的「勇士」。

聽說他藉由到中國留學的經驗，想要從事能夠和中國、日本及歐美有關的工作。他現在人在德國，從事將日本企業和世界企業接軌的工作。

他的好友都很為他擔心，但是他本人卻毫不在乎，認為船到橋頭自然直，據他說是「毫無根據的自信」，但他認為總會有辦法，埋頭不斷往前邁進。因此，對他而言都是別具意義的經驗，絕對不是繞遠路。

**在這個世界上，效率第一或走捷徑確實能得到很多好處。但重要的還是在於對自己有沒有意義？能不能成為自己的力量。**

我報考研究所落榜時，大學時代的恩師寫信給我。他的信上說：「人生沒有所謂的繞遠路。所有發生的事，對你而言都是必要的。……你所經歷的大小事件，都要內化成自己的力量。」

我真心相信：「人生中沒有任何事情會是徒勞無功」，即使乍看之下白費、多餘的事，也一定能夠成為自己的人生舞台基礎。尤其是二十多歲時的經驗，能夠成為支持自己的動力。

因此，希望你不要受限於現在能做的事或他人給的評價，儘可能去挑戰各種不同的事物。希望你不要自我設限，重要的是從各種體驗中找出意義，轉化為你的能力，這麼一來，所有的經驗都能成為你的財產。

就算是日常的例行工作，也可以試著做一點改變。就算出錯或發生紕漏也無所謂，遭到責備時也不需要一直耿耿於懷，這些經驗都對你有意義。能夠這麼思考的人，我相信實質上將能有所成長。

# 想像未來的自己，工作就會不一樣

你是否煩惱著該如何樂在工作，並讓自己充滿活力？的確，若是主管或周遭的同事很有活力，你自然會受到影響，自然而然地積極努力，充滿活力，周圍環境的影響確實不能小覷。

## 發現例行工作中的小確幸

不過，難道你無法靠自己的力量，讓自己積極奮發嗎？難道你無法從每一項工作中自行去發現有趣的部份嗎？

當你瞭解工作要領，有效率地完成工作；當你完成明白易懂、論述明確的資料；當客戶寄給你電子郵件，向你表達感謝；雖然只是小問題，但是你能靠一己之力解決……遇到這些情況時，就大方地讚美自己：「我做得真好」吧！

設定目標後，在工作時下一點工夫或改進，你的目標就能愈來愈明確，任何事都能發揮所長，讓自己樂在其中。只要抱著這樣的工作意識，就能提升工作敏感度，發現各種不同的變化，這些都將成為自己積極努力的原動力。

除此之外，為了讓自己保持積極樂觀的心態，你必須抱著為了未來而工作的企圖，所有的工作一定都能成就某些人的幸福。你所做的工作一定對於某些人有貢獻，藉由與他人的關係，提供市場商品或服務，讓顧客及社會大眾得到幸福。

## 相信現在的工作，一定能為某些人帶來幸福

為什麼選擇這個工作、進入這家公司？只要懷著眼前的工作一定都會為某些人帶來幸福的想法，就能發現工作的意義。透過這些想法，從工作中實現夢想，就能致力於每天的工作。正因為未來曖昧不明，所以思考眼前的工作意義，並且絕對不要忘記未來夢想的心念十分重要。

我希望在將來，能夠有更多人發自內心地告訴孩子：「工作是有趣的、職場是歡樂的、我喜愛我的公司」，我抱著這樣的理念，和夥伴一起成立「J.Feel」公司。

不管面對哪一件工作，是否都能懷抱熱情？這個想法最重要。參加公司進修研習的每一個人，最後是否都能抱著積極正面的感情，成為我們是否把工作做好的判斷基準。

不僅是面對客戶，在辦公室裡，你的情緒是否正面，同事們有沒有人真心認為「工作是有趣的、職場是歡樂的、我喜愛我的公司」，而你是否在帶動職場正向氣氛上有所貢獻，是最重要的工作價值觀。

你是為了什麼而工作？透過工作，你希望為誰帶來幸福？你希望社會變什麼模樣？希望你絕對不要失去根本的理念。

**嘗試去突破現況，相信現在的工作一定能夠更往前跨出一步，你就能一步一步地接近夢想**。因為你不再只是為了自己，而是為了他人的幸福而繼續工作。懷抱這種想法的人，一定能夠和好的工作機會相遇，周遭的協助及有力的人際關係也會紛紛朝你聚攏。不論身旁有多少傑出的人，若是沒有積極向前努力的心態，就無法充滿幹勁工作。

提高從每一件工作中發現小確幸的能力，同時打造出能夠為了他人幸福而努力工作的自我，這麼一來，你必定能夠樂在工作。讓自己充滿活力，就是重新發現自己。

# 發現彼此的優點，打破職場代溝

為了讓自己變得積極、充滿活力，不是只有設法讓主管和同事動起來，建立良好的關係，也必須讓自己動起來，面對並發現自我內在的多種面貌。

對發生在身邊的事情感同身受，坦然接受對你的否定和批評，即使多花點時間和工夫，也能懷抱為了未來而努力工作的心態，相信就能打破多數障礙。

## 讓自己充滿彈性，接受不同類型的工作夥伴

除了積極正面的心態，也希望你務必擔起打破職場代溝的責任。「職場代溝」以年齡、世代差異為藉口，不願意去理解、接納對方。

「資深主管只會依他的想法強迫我們而已。」

「泡沫世代的主任和組長，老是提出根本不可行的企劃。」

「就業冰河期世代的經理們，都只顧著自己的績效。」

如果因為這些差異批評他們，因而認為自己和他們不同，彼此合不來而拉開距離，阻絕了與他們之間的關係，就會使彼此更疏遠，無法互相肯定對方。

不僅是世代之間，人與人原本就是不同個體。**今後若是有更多外國人進入職場，就會有更多與自己不同價值觀、不同行為模式的人**。若是每一次遇到這種情況就築起一道牆，你將再也無法和他人一起工作。

國際化的企業中，匯集各種不同國籍的人，形成團隊一起工作的情況已變得理所當然。資訊科技今後會更進步，未來可能藉著電腦形成虛擬辦公室，來自各個世界的人看著電腦螢幕中的彼此，一起共事的時代或許即將來臨。當這樣的時代來臨時，你該怎麼做才能順利工作呢？

最重要的是理解彼此的差異，建立重要的共同價值觀，發揮彼此的特長，**建立能夠相互截長補短的互助關係**。即使來自不同世代，也要共享重要的價值觀、思考、行為模式，一起愉快地工作。

「若是發現有人很煩惱，就主動開口關心對方。」

「希望借重別人智慧時，時間再怎麼短也要找出能夠相互討論的時間。」

「不要一開始就反對，仔細詢問對方判斷的基準和原因。」

「不要獨自一個人煩惱。」

「發生問題時，大家一起解決。」

大家都抱持這樣的想法，就能建立起溝通的基礎，同時建立肯定彼此長處並且能發揮各人特長的良好關係。只要能持續為了彼此去做某些事，就更能相互瞭解。

「原來他對於瑣碎的事很有耐心，能夠細心把事情做好。」

「雖然他有些地方看似很莽撞，不過遇到困難時，卻能積極全力以赴。」

「還以為他很愛講又臭又長的道理，其實是個深思熟慮的人。」

「他總是把別人的心情擺第一，真是體貼。」

「還以為他很頑固，原來他很有經驗，信念很堅定。」

不僅是每個人的知識及技巧，也能瞭解當事人的想法、行為模式特徵及特長的話，就能瞭解如何協助彼此，找出良好的互助關係。

希望你能致力於這樣的對話及建立這種關係，除了工作上的話題，也要聽聽職場夥伴說說他所重視的事情、影響他價值觀的事件，以及他曾克服難關的經驗。若是有困難，希望對方給你建議時，要注意你的口吻和用詞，不是強迫對方一定得幫忙；要是你的長處或工作技巧能派上用場，試著直接表達自己協助的意願。透過這些方式，一一找出每個人的優點，就有機會消弭世代之間的代溝，跨越橫在彼此間的那道牆。

## 打造職場新關係，善用世代力量

現代社會的多元化正在擴大，因此有必要加以靈活運用，相互連結管理，我認為年輕世代正是掌握其中關鍵的人。

我在第三章曾說明過，現在的年輕世代具有三種力量：❶追根究底的「提問力」；❷串起不同團隊的「群眾力」；❸體貼他人的「關懷力」。如果想串連各種不同的價值觀，懂得去包容這些價值觀就顯得非常重要，必須從社會全體的觀點去定義自己工作意義的力量。我認為年輕的世代探究工作意義與成就感，渴望去做具有社會意義的純粹心情最為強烈。

同時，年輕的世代也具有與各種不同的人聯結的力量。透過網路，能夠和世界各地的人靈活地串聯；或許會被說是太過溫和，但我認為年輕世代具有主動體貼、關懷他人的力量。只要能夠善用這些力量，應該就能有意義地與人結交，建立驅使他們愉快地動起來的關係，並加以引導。

「世代間的隔閡，由我們來打破。」抱著這樣的想法，去關心身邊的人，去做能讓周遭的人提高士氣的事情。你所做的一切，必定有朝一日將回報在你的身上，成為守護你的一股力量。再一次提醒你原本就具有的三種力量：

**❶追根究底的「提問力」→發現工作的價值、意義、定義。**

**❷串起不同團隊的「群眾力」→自然地和形形色色的人打交道。**

**❸體貼他人的「關懷力」→不分年齡、種族，對任何人都能公平關懷地看待。**

帶領今後國際化社會的人所需要的基礎能力，其實，你早已經具備了！

# 在付出與成就中，找回工作的初心

我成立「J.Feel」公司時，有一個心願，希望大人能夠發自內心的告訴孩子：「工作是有趣的、職場是歡樂的、我喜歡我的工作。」希望有這種想法的人不斷增加，也希望你成為這樣的人。

最近這二十年，許多企業喪失了非常重要的東西，那就是人們相互支持、交換彼此的想法、分享彼此喜悅的互動，這些重要的價值觀及行為原理，事實上仍然深植人們的內心。但是，職場中漸漸看不到這些互動，這使得企業體質日漸衰弱。

## 互助合作，是既定的工作趨勢

每個人在工作上都藉由挑戰更高難度的工作而成長，但是，如果一直都只能孤軍奮戰，沒有旁人的支持協助，真的能夠實現目標嗎？商場上的複雜度、更新速度和多樣化都不斷與日俱增，想要持續達成良好的工作績效，**你需要擁有更多的智慧與經驗，以及一起度過難關的夥伴。**

我認為在現今的職場中，應該重新找到這種互相支持、關懷，為了世間的幸福，從事值得引以為傲的工作感覺。

「雖然工作十分辛苦，但是總有得到回報的一刻，所以很有樂趣。」

「雖然職場上的人際關係不好應對，但正因為有工作夥伴，所以能夠共同努力。」

「大公司的組織規章不一定人人滿意，但公司所做的事情令我引以為傲。」

我希望人人都能有這樣的心情，而且能夠把這樣的心情告訴下一個世代的孩子，讓他們看見未來的夢想及希望。年輕世代的各位，你們必須創造新時代的工作及生存方式。

在未來的十年，企業環境想必會有更風起雲湧的劇變。就如前面說過的，工作將不再受限於時間或地點，透過網路形成虛擬職場，我們很快就會和世界各國的人一起即時工作。

## 獲得認同，是企業未來存活的關鍵

同時，公司企業或組織這樣的框架也將逐漸融合，即使剛開始由一個人發起的工作，只要能夠帶動多數人，就能帶給社會上巨大變革衝擊的時代來臨。即使是源自一個人的創意，也能迅速結合眾人的力量，創造出改變世界的商品或服務。

引領這個嶄新時代的，我認為就是現在的年輕世代。今後的組織體制，必須具有社會價值，若是無法受到社會及世界的認同，將會失去生存空間。能夠得到多少人贊同？能夠獲得多少支持？以及，是否能和累積多元價值觀、多重經驗的贊同者相互關懷，一起分享工作喜悅，將是新時代中，能否推動更理想工作的關鍵。

只要各位都能使用本書說明的要點磨鍊自己，讓自己更強韌，就能成為打造新時代的領航者。主動去改革創新，成為改革的引擎。**先改變和身邊的主管及前輩之間的關係，再結合他們的力量，改變世界對「工作」的觀念**。相信不久之後，你就能打破原本的障礙，掀起新浪潮。希望你能心懷這樣的大志，去創造自己、組織和社會的未來。相信這一定能夠讓你發現在這個社會上工作的意義，以及活在這個時代的價值。

## 後記

# 每個人都具有改變世界的力量

本書是在與大和書房的編輯大久保和哉一起討論的過程中而寫成的，他現在三十歲，或許不能說是年輕人，但是他希望藉由自己的工作，改變年輕一代苦於煩惱與主管的關係、找不到工作價值的現狀，讓這些年輕世代能積極努力以赴。

我個人也很希望能提供年輕世代一些建議。我認識的年輕職員中，許多人都有怨言，認為「根本幫不上主管和前輩的忙」、「自己完全被忽視了」。也有人因為無法達到工作成果而痛苦，認為自己一無是處而非常沮喪的年輕上班族。

但這些並非特例，任誰都曾有菜鳥時期的經驗，然而，看到這樣的年輕人，卻有許多主管只會一味的否定。我不禁覺得，只會負面批評的主管太奇怪了，他們應該設法去瞭解年輕部屬才對。

有些公司針對入社三年的年輕員工舉辦了「重新愛上工作」的研習課程，也確實能感受到年輕人的潛力。研習中藉由彼此的經驗分享，能夠看到公司的「好的一面」，以及「良好的工作方法」。

年輕上班族令人振奮的情景一一出現，除了他們的資訊科技能力之高令人嘖嘖稱奇，他們面對工作的專一，以及從主管或前輩身上感受到投入工作時應有的態度，真誠並令人感動。

我很期待年輕人今後能創造出什麼樣的未來，和不同類型的主管、同事共事，打破公司及社會的世代高牆，想要開啟通往世界的大門，建造使社會更幸福的結構。我今後仍會繼續為了達到人與人互相關懷合作的活力社會而努力，希望各位也能為了自己理想中的未來，一步一步往前邁進。

二〇一三年六月　高橋克德

職場通 職場通系列022

# 和主管相處的技術

「上司がさっぱりわかってくれない」と思っているあなたへ

作　　者　高橋克德
譯　　者　卓惠娟
副總編輯　陳永芬
主　　編　賴秉薇
封面設計　萬勝安
內文排版　菩薩蠻數位文化有限公司

出版發行　采實出版集團
行銷企劃　黃文慧・王珉嵐
業務發行　張世明・楊筱薔・李韶婕・鍾承達
會計行政　王雅蕙・李韶婉
法律顧問　第一國際法律事務所　余淑杏律師
電子信箱　acme@acmebook.com.tw
采實官網　http://www.acmestore.com.tw/
采實文化粉絲團　http://www.facebook.com/acmebook

ISBN　978-986-9124-04-1
定　　價　280元
初版一刷　2015年12月24日
劃撥帳號　50148859
劃撥戶名　采實文化事業有限公司
104台北市中山區建國北路二段92號9樓
電話：02-2518-5198
傳真：02-2518-2098

國家圖書館出版品預行編目(CIP)資料

和主管相處的技術：讓上司挺你、前輩罩你，菁英才懂的最強職場處世祕訣／高橋克德；卓惠娟譯. -- 初版. -- 臺北市：核果文化, 民104.12　面；　公分. --（職場通系列；22）
譯自：「上司がさっぱりわかってくれない」と思っているあなたへ
ISBN 978-986-9124-04-1
1. 職場成功法
494.35　　104026152

| | | | |
|---|---|---|---|
| 廣 | 告 | 回 | 信 |
| 台北郵局登記證 | | | |
| 台北廣字第03720號 | | | |
| 免 | 貼 | 郵 | 票 |

核果文化 采實文化事業股份有限公司


104台北市中山區建國北路二段92號9樓

**采實文化讀者服務部　收**

讀者服務專線：02-2518-5198

# 和主管相處的技術

讓上司挺你、前輩罩你，菁英才懂的最強職場處世祕訣

「上司がさっぱりわかってくれない」と思っているあなたへ

高橋克德 Katsunori Takahashi

卓惠娟／譯

職場通
022

**職場**通專用回函

系列：職場通系列022
書名：和主管相處的技術

**讀者資料（本資料只供出版社內部建檔及寄送必要書訊使用）：**

1. 姓名：
2. 性別：□男　□女
3. 出生年月日：民國　　年　　月　　日（年齡：　　歲）
4. 教育程度：□大學以上　□大學　□專科　□高中（職）　□國中　□國小以下（含國小）
5. 聯絡地址：
6. 聯絡電話：
7. 電子郵件信箱：
8. 是否願意收到出版物相關資料：□願意　□不願意

**購書資訊：**

1. 您在哪裡購買本書？□金石堂（含金石堂網路書店）　□誠品　□何嘉仁　□博客來　□墊腳石　□其他：＿＿＿＿＿＿（請寫書店名稱）
2. 購買本書日期是？＿＿年＿＿月＿＿日
3. 您從哪裡得到這本書的相關訊息？□報紙廣告　□雜誌　□電視　□廣播　□親朋好友告知　□逛書店看到□別人送的　□網路上看到
4. 什麼原因讓你購買本書？□對主題感興趣　□被書名吸引才買的　□封面吸引人　□內容好，想買回去做做看　□其他：＿＿＿＿＿＿（請寫原因）
5. 看過書以後，您覺得本書的內容：□很好　□普通　□差強人意　□應再加強　□不夠充實
6. 對這本書的整體包裝設計，您覺得：□都很好　□封面吸引人，但內頁編排有待加強　□封面不夠吸引人，內頁編排很棒　□封面和內頁編排都有待加強　□封面和內頁編排都很差

**寫下您對本書及出版社的建議：**

1. 您最喜歡本書的特點：□實用簡單　□包裝設計　□內容充實
2. 您最喜歡本書中的哪一個章節？原因是？
3. 您最想知道哪些關於職場工作的觀念？
4. 人際溝通、說話技巧、理財投資等，您希望我們出版哪一類型的商業書籍？

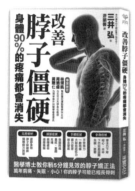

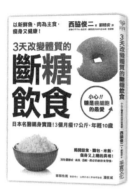

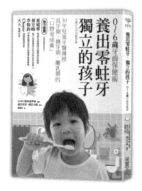

NEW ARRIVAL

# 采實文化　暢銷新書強力推薦

## 大廚不說的美味祕密，化學教授大公開！

150個最有趣的科學問題，大啖知識與美食

羅伯特．沃克◎著／鄭煥昇、黃作炎、洪慈敏◎譯

## 發酵大師親授私房菜，長壽又健康的麴醬料理

4種常備麴醬，快速變出115道美味料理

是友麻希◎著／林謹瓊◎譯

## 家事女王的收納提案，每個家庭都能活用

一個人住或一家人住，
重新打造夢想中的完美生活。

本多弘美◎著／今井久惠◎繪／蔡麗蓉◎譯